Altdeutsch.

Von Ulfila bis Leibniz.

Zum Gebrauch für höhere Schulen

ausgewählt und erläutert

von

Karl Hessel.

Bonn 1910.

A. Marcus und E. Webers Verlag.

Vorwort.

Die Kürzung des deutschen Unterrichts auf unsern höhern Lehranstalten rückt dies Fach mehr und mehr aus seiner Stellung im Mittelpunkt des Gesamtunterrichts, die ihm die Pädagogik sonst zuwies. Spüren wir doch auf unserm Seminar tatsächlich bereits die Folgen dieser Kürzung, und es klagen darüber nicht bloß die Lehrer, sondern — ein gutes Zeichen! — auch die Schüler: denn gekürzt wird ihnen damit ein gut Teil dauernden Gewinnes für das Leben. Kenntnisse schwinden, Fertigkeiten bleiben, und hier handelt es sich hauptsächlich um Fertigkeiten: um die Fertigkeit, sich gut deutsch ausdrücken zu können, um die Fertigkeit, Dichtung und Prosa mit guter Aussprache und Betonung, mit innerm Verständnis laut vortragen zu können; das Bewußtsein, dies zu können, ist es hauptsächlich, was nach meiner langen Beobachtung dauernde Freude an der deutschen Dichtung schafft, Liebe und Begeisterung weckt. Es handelt sich also um die kostbarsten sittlichen und Gemütswerte. Was tritt an die Stelle? Schulung des Denkens und des Verstandes durch Mathematik, Gewöhnung an Abstraktionen, außerdem aber Kenntnisse aus dem modernen wissenschaftlichen Leben und aus dem Staatsleben. So wird die Jugend schon in der Schule in das rastlose Getriebe der Gegenwart hineingezogen, ein Plätzchen um das andere wird ihr genommen, wo die Seele in glücklicher Unkenntnis dieser Dinge still in sich reifen und erstarken kann, wo sie an der Väter Taten und Sinnen sich erbauen und Begeisterung und Kräfte für künftige Tage sammeln kann. Aber was nutzt das Jammern? wir müssen uns mit dem jetzt Gültigen abfinden und wollen wenigstens unsere Schulbücher so einrichten, daß sie solche stillen Plätzchen darstellen.

Altdeutsch ist dieses stille Plätzchen genannt, aber der Zusatz deutet an, daß damit nicht in germanistischem Sinne bestimmte Jahrhunderte unserer sprachlichen und literarischen Vergangenheit gemeint seien, sondern daß die Benennung in dem volkstümlichen Sinne zu nehmen sei, wonach man altdeutsch allerlei Dinge nennt, wie Bauten, Hausgeräte, Trachten und Sitten, die uns bereits altmodisch anmuten; das ist unser „Altdeutsch", und es reicht bis ins 18. Jahrhundert hinein.

Von welchen literarischen Meisterwerken der deutschen Vorzeit wünscht der Lehrer des Deutschen und der Geschichte, daß seine Schüler sie kennen lernen sollen, nicht um ihre Kenntnisse zu vervollständigen, sondern um sich daran zu erfreuen und um für die vaterländische Vergangenheit Hochachtung zu gewinnen? Welches sind die allerbedeutendsten alten Dichter, und welche ihrer Werke haben nicht bloß geschichtlichen, sondern dauernden ästhetischen Wert? Die Beantwortung dieser Frage ist die vorliegende Auswahl.

Besonders zu Danke verpflichtet bin ich Herrn Geheimrat Professor Dr. Wilmanns in Bonn, der in liebenswürdiger Weise die von mir ursprünglich ausgewählten Sachen eingehend mit mir besprochen hat, mancherlei, was ich nicht gewählt hatte, zur Aufnahme empfahl, von anderm, was ich nehmen wollte, abriet und vor allem auf das pädagogisch Verwertbare aufmerksam machte. Daß er dabei den hohen Wert des alten Wackernagelschen Lesebuchs gebührend hervorhob, war ganz nach meinem Sinn, da auch ich die hochverständige und feinsinnige Auswahl jenes geschmackvollen Kenners von jeher hochgeschätzt hatte.

Auch bin ich zu besonderm Danke verpflichtet der Oberlehrerin Fräulein Antonie Mantey, jetzt zu Bonn, für treue Mitarbeiterschaft. Die Feststellung korrekter Texte nach denjenigen kritischen Ausgaben, die jetzt für die besten gelten, sowie die Nachprüfung der neudeutschen Übersetzungen und die Vorarbeiten zu dem kleinen Wörterbuch, das alles ist hauptsächlich ihr Werk.

Da die Sammlung sich äußerlich an die von mir in acht Teilen herausgegebenen deutschen Lesebücher für höhere Mädchenschulen als deren abschließender Band anschließt, so sind die dort bereits abgedruckten Minnelieder und Volkslieder nicht nochmals aufgenommen worden, wodurch allerdings so bekannte Sachen, wie Hartmanns Lied der Kreuzfahrer, Walthers „Ich saß auf einem Steine" und einige besonders wertvolle Volkslieder vielleicht von manchem hier vermißt werden dürften. Auch ist von Nibelungenlied und Gudrun keine Probe gegeben, weil man diese Epen auf höheren Schulen nach Sonderausgaben durchzunehmen pflegt*). Vielleicht wird es auch als Mangel empfunden, daß von Heinrich von Veldeke und von Hartmann epische Proben fehlen. Winke in dieser Hinsicht werde ich stets dankbar aufnehmen und in Erwägung ziehen.

Aber wie? wenn man von dem ganzen Gedanken der Sammlung nichts wissen will und sagt: „Wir wollen nicht Bruchstücke lesen, sondern einzelne ganze Werke? Der Gedanke der Chrestomathien ist unmodern und überwunden!" Wir entgegnen: Wenn nur nicht die Kehrseite die wäre, daß die Bildung der aus ein- und derselben Schule hervorgegangenen Jugend dadurch zu ungleichmäßig wird; ein Jahrgang hatte Schiller kennen gelernt, der zweite Goethe, der dritte das Mittelalter, der vierte Kleist, Hebbel und Heyse. Und doch möchten wir, daß alle, die die Schule verlassen, Umgang gepflogen haben mit allen großen Geistern aller Zeitalter der heimischen Dichtung. Glaubt man, die Bekanntschaft mit so Vielen könne nur oberflächlich bleiben, so ist doch, wenn das ein Übel sein soll, ein noch größeres Übel, wenn die Bekanntschaft nur eine vom Hörensagen bleibt, auf vorgesprochene Urteile und biographische Notizen sich aufbauend. Doch schon einige kürzere, aber bezeichnende Abschnitte aus Wolfram und Gottfried, eine Anzahl Gedichte von Walther geben einen Geschmack von diesen Gerichten, geben Anregungen für später; eines jeden Dichters Eigenart ist so, daß die feinspürende Jugend schnell herausfindet, wer mit ihr geistesverwandt ist, mit wem sie wünscht, nähere Bekanntschaft zu schließen.

Soll aber in den jungen Gemütern für die altdeutsche Literatur ungeheuchelte Begeisterung emporsprossen und nicht

*) Man vergl. meine Schulausgabe der Gudrun, Übersetzung mit Erläuterungen, Bonn, Marcus und Weber, 2. Ausgabe, 1905.

bloß ein Nachsprechen überschwänglicher, ihnen vorgesprochener Urteile erzielt werden, so muß die erste Forderung, die von einer Sammlung von Texten zu erheben ist, die sein, daß der Jugend die Dichtungen in der Ursprache vorgeführt werden. Die Schule findet ja leider nicht die Zeit, gotische, altdeutsche und mittelhochdeutsche Grammatik zu treiben; deshalb hat man vielfach den Weg eingeschlagen, altdeutsche Dichtungen lediglich in neudeutschen Übersetzungen den Schülern zu übermitteln. Dies ist nicht zu billigen, vielmehr soll die Jugend an einer nicht zu umfassenden, aber auch nicht zu dürftigen Zahl von Proben selbst erkennen, wie im Laufe der Jahrhunderte unsere Sprache sich ganz allmählich so umgestaltet hat, wie wir sie jetzt als unsere Muttersprache hören, sprechen, lesen und lieben. Vor allem aber: Übersetzungen ohne den Urtext sind und bleiben etwas Unzuverlässiges, müssen auf Treu und Glauben hingenommen werden und sind eben nicht das wirkliche alte Sprach- und Literaturgut. Gar zu leicht werden durch Übersetzungen falsche Gefühlstöne, die dem mittelalterlichen Original ganz fremd sind, in dies hineingetragen.

Ich gebe einige Beispiele aus Samhabers Übersetzung Walthers von der Vogelweide, in Schönbachs Waltherbiographie (Dresden, 1890). Es heißt da:

März müßt Ihr sein, Herr Mai, der wolkenbleiche,
Bevor ich je von meiner Herrin weiche.

(zu vergleichen in vorliegendem Buch S. 87 die zwei letzten Zeilen.)

O Liebestraum, o Liebestraum,
Wie zaubervoll bist du!
Die Blüten sanken vom Lindenbaum
Und deckten weich uns zu!

(zu vergl. hier S. 91, letzte Strophe des Tanzliedes.)

Die mir Gespielen waren, wie träg sind sie und alt!
Wo einst im heiligen Dunkel gerauscht der Tannenwald,
Da seh ich stolze Pflüge die tiefen Furchen ziehn.

(zu vergl. hier S. 107, vorletzte Strophe der Heimkehr.)

Das ist ja zum Teil schön gesagt, aber es ist doch nicht mehr Walther, nur entfernt sein Grundgedanke, aber in andern

Wendungen, andern Bildern, andern Worten, etwa wie eine modern umgebaute alte Ritterburg.

Deshalb soll der Originaltext gegeben werden, daneben aber neudeutsche Übersetzung, und zwar für die Erzeugnisse etwa bis in das 15. Jahrhundert hinein. Die Übersetzung ist alsdann stets kontrollierbar durch den Urtext, durch die Übersetzung wird zugleich jener erklärt und verständlich, Grammatik und Wörterbuch aber brauchen nur in Notfällen herangezogen zu werden. Anfangs gedachte ich vorhandene Übersetzungen zu benutzen, aber für meinen besondern Zweck paßte mir schließlich keine: Simrock war zu ungelenk, Kurz, Herz und andere zu modern. So griff ich denn zuletzt selbst zur Feder und strebte dabei nach folgenden Zielen: treue Wiedergabe des Sinnes, gutes jetziges Deutsch, fließend zu lesen, dichterischer Ton, Klangfarbe des Originals, Erzeugung derselben Stimmung, wie das Original sie hervorruft, also z. B. lieblich, feierlich, erhaben, schalkhaft, heiter, innig, ironisch, überredend oder was der Dichter sonst für Töne in seiner Leier hat. Das ist oft nicht einfach. Denn z. B. bei Gottfrieds Worten über Wolframs Dichtart müssen Töne gefunden werden, die den ganzen Zorn des Dichters, seinen heißen Eifer, seine sprudelnde, überquellende Sprechweise, seine herrlichen Bilder, seine wunderbaren und überraschenden Reime wiedergeben sollen. Ähnlich bei seinem Lob Blickers von Steinach und bei dem Schlußbild der Episode von Riwalin. Die Abschnitte aus dem Meier Helmbrecht und Freidank schienen keiner Übersetzung zu bedürfen, wohl aber wieder die aus Reineke Fuchs.

Von Hans Sachs an war es dem leichtern Verständnis zuliebe angebracht, die jetzige Rechtschreibung zu wählen, bei strengster Wahrung der alten grammatischen Formen und Wortbildungen. Läßt man bei Hans Sachs z. B. stehen: „kretz“ und „peste“, dann dauert es oft lange, bis man aus dem Zusammenhang entdeckt, daß er meint: „gerät's“ und „besteh'“. Machen doch die kritischen Ausgaben die Schreibweise der mittelhochdeutschen Texte ganz ähnlich gleichmäßig.

Über die einzelnen Dichter, die Art der Überlieferung, Biographisches, ihre Stellung in der Literatur, Wortbedeutungen usw. ist das nach meiner Ansicht Wissenswerte in den beigegebenen Erläuterungen und in dem kleinen Wörterbuch gegeben, ohne daß der Lehrer gehindert ist, noch mehr mitzuteilen.

Um die reiche Auswahl der Volkslieder und geistlichen Lieder, besonders aber um die Feststellung der Singweisen hat sich mein verehrter Freund, Herr Karl Metzen, jetzt Direktor des Realgymnasiums in Opladen, hochverdient gemacht, wofür ich ihm auch hier verbindlichen Dank spende.

Im Volksliede offenbart sich eine oft wundervolle Einheit von Wort und Weise; das Volkslied bleibt lebendig nur durch seine Melodie. Die vorliegende Volksliederabteilung, die, soweit deutsche Lesebücher in Betracht kommen, wohl den ersten Versuch darstellt, mit dem Texte auch die Weise zu Wort kommen zu lassen, will den Sinn für die Geschichte des deutschen Volksliedes wecken und schärfen helfen; sie will aber auch dazu beitragen, daß die Volkslieder im Gesange weiter getragen werden. Schule und Haus vereint können da viel tun. Bei der Wahl von Text und Melodie wurde möglichst auf die ältesten Lesarten zurückgegriffen, ohne daß dabei spätere, aber wertvolle und durch ihre große Verbreitung als volkstümlich anzusprechende Formen zu kurz gekommen wären. Vermißt man etwa bestimmte beliebte Volkslieder, so fehlen sie deshalb, weil entweder keine Melodie überliefert ist, oder weil die überlieferte Weise nicht ansprechend ist.

Endlich bemerke ich, daß das Büchlein „Altdeutsch" zunächst zum Gebrauch für Lehrer- und Lehrerinnenseminare gedacht ist, jedoch jeder andern Art von höheren Schulen empfohlen sein mag, wo dieser Stoff sich in den Lehrplan einordnen läßt.

Koblenz, August 1910.

Dr. Karl Hessel,
Direktor der Hildaschule und
des Höheren Lehrerinnen-Seminars.

Altdeutsch.

Von Ulfila bis Leibniz.

1. Aus Ulfilas gotischer Bibel.

I. Das Vaterunser.

Sva nu bidjaiþ jus:

Atta unsar þu in himinam, veihnai namo þein.

Quimai þiudinassus þeins. Vairþai vilja þeins, sve in himina jah ana airþai.

Hlaif unsarana þana sinteinan gif uns himma daga.

Jah aflet uns þatei skulans sijaima, svasve jah veis afletam þaim skulam unsaraim.

Jah ni briggais uns in fraistubnjai, ak lausei uns af þamma ubilin; unte þeina ist þiudangardi jah mahts jah vulþus in aivins. Amen.

II. Der verlorene Sohn.

Qaþuþ-þan: manne sums aihta tvans sununs.

Jah qaþ sa juhiza ize du attin: atta, gif mis, sei undrinnai mik dail aiginis; jah disdailida im sves sein.

Jah afar ni managans dagans brahta samana allata sa juhiza sunus, jah aflaiþ in land fairra visando, jah jainar distahida þata sves seinata libands usstiuriba.

Biþe þan fravas allamma, varþ huhrus abrs and gavi jainata, jah is dugann alaþarba vairþan.

Jah gaggands gahaftida sik sumamma baurgjane jainis gaujis, jah insandida ina haiþjos seinaizos haldan sveina.

Jah gairnida sad itan haurne, þoei matidedun sveina, jah manna imma ni gaf.

Qimands þan in sis qaþ: hvan filu asnje attins meinis ufarassau haband hlaibe, iþ ik huhrau fraqistna.

1. Aus Ulfilas gotischer Bibel.

I. Das Vaterunser (Mathäus 6, 9—13).

So nun sollt ihr bitten:

Vater unser du in den Himmeln, geweiht sei dein Name. Es komme dein Reich. Es werde dein Wille wie im Himmel, so auch auf der Erde.

Unsern Laib Brot, den ausreichenden, gib uns an diesem Tage.

Und erlasse uns, wenn wir Schuldner seien, so wie auch wir erlassen den Schuldnern, den unsern.

Und bringe uns nicht in Versuchung, sondern löse uns von dem Übel, denn dein ist Reich und Macht und Herrlichkeit in Ewigkeit. Amen.

II. Der verlorene Sohn (Lucas 15, 11—24).

Er sprach dann: Ein Mann hatte zwei Söhne.

Und es sprach der jüngste von ihnen zum Vater: Vater, gib mir, was mir zufällt, das eigene Teil. Und er zerteilte für ihn sein Vermögen.

Und nach manchen Tagen brachte der jüngste Sohn alles zusammen und ging fort in ein Land, das fern war, und er verpraßte sein Vermögen, üppiglich lebend.

Nachdem alles weg war, ward starke Hungersnot in jenem Gau, und er begann darbend zu werden.

Und er ging und heftete sich an einen Bürger jenes Gaues; und der sandte ihn auf seine Heiden, Schweine zu halten.

Und er begehrte sich satt zu essen an Hornfrüchten, welche die Schweine verzehrten, und man gab sie ihm nicht.

Und er ging in sich und sprach: Wieviele Mietknechte meines Vaters haben überflüssig Brote, aber ich vergehe im Hunger.

Usstandands gagga du attin meinamma jah qiþa du imma: atta, fravaurhta mis in himin jah in andvairþja þeinamma;

Ju þanaseiþs ni im vairþs ei haitaidau sunus þeins; gatavei mik sve ainana asnje þeinaize.

Jah usstandands qam at attin seinamma. Nauhþanuh þan fairra visandan gasahv ina atta is jah infeinoda, jah þragjands draus ana hals is jah kukida imma.

Jah gaþ imma sa sunus: atta, fravaurhta in himin jah in andvairþja þeinamma, ju þanaseiþs ni im vairþs ei haitaidau sunus þeins.

Qaþ þan sa atta du skalkam seinaim: sprauto bringiþ vastja þo frumiston ja gavasjiþ ina jah gibiþ figgragulþ in handu is jah gaskohi ana fotuns is;

Jah bringandans stiur þana alidan ufsneiþiþ, jah matjandans visam vaila;

Unte sa sunus meins dauþs vas jah gaqiunoda, jah fralusans vas jah bigitans varþ; jah dugunnun visan.

2. Zauber- und Segenssprüche.

I. Erster Merseburger Spruch.

Eiris sâzun idisi, sâzun hera duoder.
suma hapt heptidun, suma heri lezidun,
suma clûbôdun umbi cuoniouuidi:
insprinc haptbandun, invar vîgandun!

II. Zweiter Merseburger Spruch.

Phol ende Uuodan vuorun zi holza.
dû uuart demo Balderes volon sîn vuoz birenkit.
thû biguolen Sinthgunt, Sunna era suister,
thû biguolen Frija, Volla era suister,
thû biguolen Uuodan, sô hê uuola conda,
sôse bênrenkî, sôse bluotrenkî, sôse lidirenkî:
bên zi bêna, bluot zi bluoda,
lid zi geliden, sôse gelîmida sîn!

Ich stehe auf und gehe zu meinem Vater und spreche zu ihm: Vater, ich sündigte im Himmel und vor deinem Angesicht.

Und fortan bin ich nicht wert, daß ich dein Sohn geheißen werde. Mache mich dienstbar wie einen deiner Knechte.

Und er stand auf und kam zu seinem Vater. Als er noch ferne war, sah ihn sein Vater und erbarmte sich und lief und fiel ihm an seinen Hals und küßte ihn.

Und es sprach zu ihm der Sohn: Vater, ich sündigte im Himmel und vor deinem Angesicht. Und hinfort bin ich nicht wert, daß ich dein Sohn geheißen werde.

Da sprach der Vater zu seinen Knechten: Eilend bringet das beste Kleid und badet ihn und gebet ihm Fingergold an seine Hand und Schuhe an seine Füße.

Und bringet einen gemästeten Stier und schneidet ihn auf und laßt uns essen und froh sein.

Denn mein Sohn war tot und ward lebendig und war verloren und ward wiedergefunden; und begannen fröhlich zu sein.

2. Zauber- und Segenssprüche.

I. Erster Merseburger Spruch.

Einst setzten sich Idisen-Frauen, setzten sich hin und wieder,
Einige hefteten Haftbande, einige hielten das Heer auf,
Einige klaubten Ketten los:
Entspring den Haftbanden, entfahr den Feinden!

II. Zweiter Merseburger Spruch.

Phol und Wuotan fuhren zum Walde,
Da ward dem Fohlen Balders sein Fuß verrenkt,
Da besprach ihn Sinthgunt, der Sonne ihre Schwester,
Da besprach ihn Freia, der Volla ihre Schwester,
Da besprach ihn Wuotan, wie er wohl konnte,
Die Knochenrenkung, so die Blutrenkung, so die Gliedrenkung:
„Knochen zu Knochen, Blut zu Blute,
Glied zu Gliedern, als ob sie geleimet seien!"

III. Lorscher Bienensegen.

Kirst, imbi ist hûze! nû fliuc dû, vihu mînaz, hera
fridu frôno in godes munt heim zi comonne gisunt.
sizi, sizi, bîna: inbôt dir sancte Marja.
hurolob ni habe dû: zi holce ni flûc dû,
noh dû mir nindrinnês, noh dû mir nintuuinnêst.
sizi vilu stillo, uuirki godes uuillon.

3. Das Hildebrandslied.

Ik gihôrta đat seggen, ...
đat sih urhêttun ênon muotîn
Hiltibrant enti Hađubrant untar heriun tuêm.
sunufatarungo iro saro rihtun,
garutun se iro gûđhamun, gurtun sih iro suert ana,
helidos, ubar hringâ, dô sie tô dero hiltiu ritun.
Hiltibrant gimahalta: her uuas hêrôro man,
ferahes frôtôro; her frâgên gistuont,
fôhêm uuortum, hwer sîn fater wâri
fireo in folche, ...
. . . . . . „eddo hwelîhhes cnuosles dû sîs.
ibu dû mî ênan sagês, ik mî dê ôdre uuêt,
chind, in chunincrîche chûd ist mir al irmindeot.“
Hadubrant gimahalta, Hiltibrantes sunu:
„dat sagêtun mî ûsere liuti,
alte anti frôte, dea êr hina wârun,
dat Hiltibrant hêtti mîn fater: ih heittu Hadubrant.
forn her ôstar giuueit, flôh her Ôtachres nîd
hina miti Theotrîhhe, enti sînero degano filu.
her furlêt in lante luttila sitten
prût in bûre barn unwahsan,
arbeo laosa: hê rêt ôstar hina.
sîd Dêtrîhhe darbâ gistuontun
fateres mînes. dat uuas sô friuntlaos man:

III. Lorscher Bienensegen.

Christ, die Imme ist haußen! nun flieg du einher, mein Vieh,
Im Frieden des Herrn, in Gottes Schutz, heimzukehren gesund!
Sitze, sitze, Biene, das gebot dir Sante Maria!
Nicht gewährt ist weiterer Urlaub: zu Walde nicht flieg du,
Du, nur nicht entfliehen! du, nur nicht entziehen!
Sitze recht stille, wirke Gottes Wille!

3. Das Hildebrandslied.

Ich hörte das sagen, ...
Daß sich erheischten zum Einzelkampf
Hildebrand und Hadubrand, unter Heeren zween,
Des Sohns und des Vaters. Sie besorgten ihre Rüstung
Schnallten an die Schlachthemden, gürteten sich ihre Schwerter um,
Die Recken, über die Ringe, da sie zum Kampfe ritten.
Hildebrand hub an, — er war der hehrere Mann,
Des Lebens der weisere — zu fragen begann er,
Mit wenig Worten, wer sein Vater wäre
Von den Männern im Volke . . . . . .
. . . . . . „oder welches Geschlechtes du seist.
Wenn du nur einen sagest, ich weiß dann die andern,
Kind, im Königreiche kund ist mir alles Erdenvolk."
Hadubrand hub an, Hildebrands Sohn:
„Das sagten mir unsere Leute,
Alte, erfahrene, die ehdem dahin waren,
Daß Hildebrand hieß mein Vater; ich heiße Hadubrand.
Einst fuhr er gen Osten, floh vor Otakers Zorn,
Von hinnen mit Theotrich und seiner Degen vielen.
Er ließ im Lande verlassen sitzen
Sein Weib in der Wohnung, unerwachsen den Sohn,
Erblos, er ritt ostwärts dahin.
Seither dem Detrich ein Darben entstand
Nach meinem Vater, er war ein freundloser Mann,

her was Ôtachre ummett irri,
degano dechisto miti Deotrîchhe.
her was eo folches at ente, imo was eo fehta ti leop:
chûd was her . . . . chônnêm mannum.
ni wâniu ih iu lîb habbe." . . .
„wettu irmingot obana ab hevane,
dat dû neo dana halt mit sus sippan man
dinc ni gileitôs . . . . . ."
want her dô ar arme wuntane bougâ,
cheisuringu gitân, sô imo se der chuning gap,
Hûneo truhtîn: „dat ih dir it nû bi huldî gibu."
Hadubrant gimahalta, Hiltibrantes sunu:
„mit gêru scal man geba infâhan,
ort widar orte." . . . .
„dû bist dir, altêr Hûn, ummet spâhêr,
spenis mih mit dînêm wortun, wili mih dînu speru werpan.
pist alsô gialtêt man, sô dû êwîn inwit fuortôs.
dat sagêtun mî sêolîdante
westar ubar wentilsêo, dat inan wîc furnam:
tôt ist Hiltibrant, Heribrantes suno."
Hiltibrant gimahalta, Heribrantes suno:
„wela gisihu ih in dînêm hrustim,
dat dû habês hême hêrron gôten,
dat dû noh bi desemo rîche reccheo ni wurti.
welaga nû, waltant got, wêwurt skihit.
ih wallôta sumaro enti wintro sehstic ur lante,
dâr man mih eo scerita in folc sceotantero:
sô man mir at burc ênîgeru banun ni gifasta,
nû scal mih suâsat chind suertu hauwan,
bretôn mit sînu billiu, eddo ih imo ti banin werdan.
doh maht dû nû aodlihho, ibu dir dîn ellen tauc,
in sus hêremo man hrusti giwinnan,
rauba birahanen, ibu dû dar ênîc reht habês.

Er war auf Otacher unmäßig zornig,
Der Degen teuerster, solang er bei Detrich.
Er war stets an des Volkes Spitze, ihm war Fechten stets lieb.
Kund war er allen kühnen Mannen,
Nicht wähn ich, daß er noch lebt" . . . . . .
„Wisse es, du, Irmingott, oben im Himmel,
Daß du nie hinfür so gesippten Mann
Begleitest zum Kampfe . . ."
Da wand er vom Arme gewundene Ringe,
Aus Kaisermünzen gemacht, wie sie der König ihm gab,
Der Hunnen Herrscher: „daß ich mit Huld dir das nun gebe!"
Hadubrand hub an, Hildebrands Sohn:
„Mit dem Gere soll man Gabe empfahen,
Spitze wider Spitze! . . . .
Du bist, alter Hunne, ein heilloser Späher,
Lockst mich mit deinen Worten, willst mich mit deinem Speere werfen,
Also alt du bist, also ewig übtest du Arglist,
Mir sagten das Seefahrende
Westlich über dem Wendelsee: wegnahm ihn die Schlacht,
Tot ist Hildebrand, Heribrands Sohn!"
Hildebrand hub an, Heribrands Sohn:
„Wohl! ich erkenne an deinem Harnisch,
Daß du habest daheim einen guten Herrn,
Daß du von des Reiches Boden verbannt nicht wurdest.
Wehe nun, waltender Gott, Wehgeschick kommt.
Ich wallte der Sommer und Winter sechzig außer Landes,
Da man stets mich scharte ins Volk der Schützen;
Vor keiner der Burgen erfaßte mich Tod,
Nun soll mich das liebe Kind mit dem Schwerte erschlagen,
Mich niederstrecken mit seiner Schneide oder ich ihm zum Mörder werden!
Du magst dir nun leichthin, wenn die Kraft dir langt,
Von so hohem Manne den Harnisch erringen,
Den Raub erbeuten, wenn du dazu ein Recht hast.

der sî doh nû argôsto ôstarliuto,
der dir nû wîges warne, nû dih es sô wel lustit,
gûdea gimeinûn. niuse dê môtti,
hwerdar sih hiutu dero hregilo rûmen muotti,
erdo desero brunnôno bêdero uualtan."
dô lêttun se êrist askim scrîtan,
scarpên scûrim: dat in dêm sciltim stônt.
dô stôpun tô samane staimbortchlûdun,
heuwun harmlîcco huitte scilti,
unti im iro lintûn luttilo wurtun,
giwigan miti wâmbnum . . . .

4. Aus dem Heliand.

Die Hochzeit zu Kana.

Geuuet imu tho umbi threa naht aftar thiu thesoro thiodo drohtin
an Galileo land, thar he te enum gomun uuard
gebedan that barn godes: thar scolda man ena brud geban,
munalica magat. Thar Maria uuas
mid iro suni selbo, salig thiorna,
mahtiges moder. Managoro drohtin
geng imu tho mid is iungoron godes egan barn
an that hoha hus, thar the heri dranc,
thea Iudeon an themu gastseli. he im oc at them gomun uuas,
giac hi thar gecudde that hi habda craft godes,
helpa fan himilfader, helagna gest,
uualdandes uuisdom. Uuerod blidode,
uuarun thar an luston liudi atsamne,
gumon gladmodie. Gengun ambahtman,
skenkeon mid scalun drogun skirianne uuin
mid orcun endi mid alofatun, uuas thar erlo drom
fagar an flettea, tho thar folc undar im

Der sei doch nun der Feigste der Ostleute,
Der vor Waffengang dich warne, nun so sehr es dich lüste
Nach des Kampfes Gewühl. Es entscheide der Wurf,
Wer heute rasch räumen müsse die Rüstung,
Oder wer dieser beiden Brünnen soll walten."
Da ließen zuerst sie die Eschen fliegen,
In scharfen Schauern daß in den Schilden sie saßen,
Dann sprangen sie sich an, der Äxte Steinränder klangen,
Sie hieben wuchtig die weißen Schilde,
Bis ihre Linden lützel wurden,
Zerwirkt mit den Waffen . . . .

4. Aus dem Heliand.

Die Hochzeit zu Kana.

Drei Nächte nachher nahte dieser Leute Gebieter
Galiläalande, wo zum Gastmahl war
Gebeten der Gottgeborne: Eine Braut wollt man geben,
Minnigliche Maid. Da war Maria
Mit ihrem Sohne selbst, die selige Jungfrau,
Des Mächtigen Mutter. Der so manche beherrschte,
Ging hin mit seinen Jüngern, Gottes eigener Sohn,
In das hohe Haus, wo die Häupter tranken
Der Juden im Gastsaal. Er war auch bei dem Gastmahl
Und gab da kund, daß er Gotteskraft hätte,
Hilfe vom Himmelsvater, heiligen Geist,
Des Waltenden Weisheit. Wonne war viel da,
Da waren in lauter Lust die Leute beisammen,
Frohmütige Männer. Gingen Diener in Menge,
Schenken mit Schalen, trugen schäumenden Wein,
Trugen Krüge und Tonnen. Der Edlen Getümmel
Klang fröhlich im Festsaal, das Volk unter sich

an them benkeon so bezt blidsea afhobun,
uuarun thar an uunneun. Tho im thes uuines brast
them liudiun thes lides: is ni uuas farlebid uuiht
huergin an themu huse that for thene heri ford
skenkeon drogin ac thiu scapu uuarun
lides alarid. Tho ni uuas lang te thiu,
that it san antfunda frio sconiosta,
Cristes moder geng uuid iro kind sprecan
uuid iro sunu selbon, sagda im mid uuordun,
that thea uuerdos tho mer uuines ne habdun
them gestiun te gomu. Siu tho gerno bad
that is the helogo Crist helpa geriedi
themu uuerode te uuillcon.

5. Aus Otfrieds Krist.

Das Gebet des Herrn.

Fater unser guato, bist druhtin thu gimuato
in himilon io hoher uuih si namo thiner.
Biqueme uns thinaz richi thaz hoha himilrichi,
thara uuir zua io gingen ioh emmizigen thingen.
Si uuillo thin hiar nidare, sos er ist ufin himile.
in erdu hilf uns hiare, so thu engilon duist nu thare.
Thia dagalichun zuhti gib hiut uns mit ginuhti,
ioh follon ouh, theist mera, thines selbes lera.
Sculd bilaz uns allen, so uuir ouch duan uuollin,
sunta, thia uuir thenken ioh emmizigen uuirken.
Ni firlaze unsih thin uuara in thes uuidaruuerten fara.
thaz uuir ni missigangen thara ana ni gifallen.
Losi unsih io thanana, thaz uuir sin thine thegana
ioh mit ginadon thinen then uueuuon io bimiden.
Amen.

An den Bänken brach aus in brausenden Jubel,
Sie waren in Wonne. Da gebrach es an Weine,
An Tranke den Tischen. Es war alles vertan,
Im Hof und im Hause, was vor die Herrschaft
Sollten tragen die Schenken, die Geschirre waren
Des Lautertranks leer. Da währt es nicht lange,
Da fand das bald der Frauen schönste,
Die Mutter Christs, sie ging zu ihrem Kinde,
Sprach mit dem Sohn selbst, sagte ihm mit Worten,
Die Wirte hätten nicht weiter des Weines
Den Gästen zu geben und begehrte drum,
Der heilige Herr solle helfen den Leuten,
Ihnen werden zu Willen.

5. Aus Otfrieds Krist.

Das Gebet des Herrn.

Vater unser guter, Herr bist du ein lieber,
Im Himmel sei stets dein Name geweihet, der hohe.
Es komme zu uns dein Reich, das hohe Himmelreich,
Zu dem wir stets gingen, stets emsiglich dringen.
Dein Wille sei hienieden, wie er ist im Himmel droben.
Hilf uns hier auf Erden, wie du den Engeln nun tust dorten.
Womit man uns täglich auferzüge, gib heut uns zur Genüge.
Und in Fülle auch, das ist mehr, deine eigene Lehr.
Schuld erlaß uns allen, wie wir auch tun wollen,
Die Sünde, die wir denken, und emsiglich wirken.
Deine Huld uns nicht entfahr bei des Widersachers Gefahr,
Daß wir nicht irre wallen, darin nicht fallen.
Erlöse uns auch deswegen, daß wir seien deine Degen
Und mit der Gnade, der deinen, das Weh stets vermeiden.
Amen.

6. Himmel und Hölle.

Diu himilisge gotes burg
diu ne bedarf des sunnen
noh des mânskîmen
dâ ze liehtenne:
in ire ist der gotes skîmo
der sie al derliuhtet
in gemeinemo nuzze.
daz ist in eben allen
al daz sie wellen.
dâ ist daz gotes zorftel,
der unendige tag,
der burge tiure lieht-
faz.

Diu burg ist gestiftet
mit aller tiurede meist
ediler geistgimmôn,
der himelmeregriezzôn.
der burge fundamenta,
die portae joh die mûre,
daz sint die tiuren steina
der gotes fursthelido
und daz eingehellist
aller heiligône here,
die der tugentlîcho
in heiligemo lebenne
demo burgkuninge
ze vurston gezâmen.

Siu stât in quâderwerke:
daz ist ir êwig stift,
unde sint ouch dâr
ane
errekket alle gotes friunt,
die der hânt ervullet
diu vier evangelia
in stâter tugent regula,
in gelîchimo einmuote.

Siu ist in iro strâzzon
daz rôtlohezônte golt.
daz meinet daz dâ
vurstesôt
diu tiure minna über al,
der gotelîche wîstuom
mit allemo wolewillen.
siu ist in goldes scôni
samo daz durhliehte glas
alliu durhscouwig
joh durhlûter.

Dâ wizzen al ein anderen,
unvertougenlîcho
die himilisgen erben,
die die burg bûent,
in durhskônen tugin-
dan,
ân aller missetâte
pflega.
dâ rîchisôt diu minna
mit aller miltfrowida
und aller tugidône zala
mit stâten vrasmunde.
dâ verselet diu wârheit
daz alte gedinge.
dâ nimet diu gelouba
ende aller ir ge-
heizze.
dâne habet restî
der engilo vrôsank,
daz suozze gotes wunne-
lob,

6. Himmel und Hölle.

Die himmlische Gottesburg
Die bedarf nicht der Sonne
Noch des Mondscheins,
Da zu leuchten:
In ihr ist Gottesschein,
Der sie ganz durchleuchtet
Zu aller Genieß.
Das ist ebenmäßig für alle,
Alles, was sie wünschen.
Der Gottesglanz
Ist ihr endloser Tag,
Der Burg köstliches Leuchtgefäß.
Die Burg ist erbauet
Aus köstlichen Steinen,
Aus edelsten Geisteskleinoden,
Aus Himmels-Meergries.
Der Burg Fundamente,
Pforten und Mauern
Sind die köstlichen Steine
Der vornehmsten Gotteshelden
Und die Einhelligkeit
All der heiligen Heerscharen,
Die die als tugendlich
In heiligem Leben
Vom Burgkönig
Zu Fürsten erwählt wurden.
Sie steht auf Quaderwerk:
Das ist ihr ewiger Bau,
Und als Säulen sind aufgerichtet
Alle Gottesfreunde,
Die da haben erfüllt
Die vier Evangelien
In steter Tugendregel,
In gleichmäßigem Einmut.
Ihre Straßen sind
Rotlohendes Gold,
Das bedeutet, daß da herrschet
Werte Minne überall,
Göttliche Weisheit
Mit allem Wohlwillen.
Sie glänzt in Goldes Schöne
Als wie durchleuchtetes Glas,
Ganz durchscheinend
Und durchläutert.
Da kennt jeder den andern,
Ohne Geheimnis,
Alle Himmelserben,
Aus denen die Burg gebaut ist,
Alle in völlig schönen Tugenden,
Ohne je einer Missetat zu pflegen.
Da regieret die Minne
Mit aller Gebefreude
Und aller Tugenden Zahl,
Mit stetem Kühnmut.
Da hält die Wahrheit
Ihr altes Versprechen,
Da erreicht der Glaube
Das Ziel all seiner Verheißungen.
Da hat keine Rast
Der Engel Frohsang,
Das süße Gottes-Wonnelob,

diu geistlîche mendî,
der wundertiuro bîmentstank
aller gotes wolôno.
dâ ist daz zieriste here
allez in ein hel.
daz dienest êwent sie
mit senftemo vlîzze.
Dâ ist des frides stâtî,
aller gnâdône bû.
dâ ist offen vernunst
allero dingo.
al gotes tougen
daz ist in allez offen.
sie kunnen alle liste
in selber wârheite;
derne habent sie âgez:
der huge in ne wenket.
in ist ein alterbe,
eines rîches ebenteil.
Dâ ist alles guotes übergenuht
mit sichermo habenne,
der durnohteste trôst,
diu meiste sigêra.
dâ nist forehtône nieht,
nichein missehebeda.
dâ ist einmuotî,
aller mamminde meist,
der stilliste lust,
diu sichere râwa.
dâ ist der gotes friundo
sundergebiuwe.
dâ nist sundône stat,
sorgôno wizzede.
dâ nist ungesundes nieht,
heile meist ist dâr.
der untriuwôn âkust
der ne taret dâr nieht.
Dâ ist diu veste wineskaft,
aller sâlidôno meist,
diu miltiste drûtscaft,
die kuninglîchen êra,
daz unerrahlîche lôn,
daz gotes ebenerbe,
sîn wunniglîch mitewist,
diu lussamiste anesiht,
der sîner minnône
gebe tiuriste.
Daz ist daz hêreste guot
daz der vore gegariwet ist
gotes trûtfriunden
mit imo ze niezzenne
iemêr in êwa.
Sô ist taz himelrîche
einis teilis getân.

2.

In dero hello
dâ ist tôt âne tôt,
karôt unde jâmer,
al unfrouwida,
mandunge bresto,
beches gerouche,
der sterkiste svevelstank,
verwâzzenlîch genibile,

Die geistliche Freude,
Der wunderköstliche Balsam-
duft
All der Gottesseligkeit.
Da ist in höchsten Zierden
ein Heer,
Ganz einhellig.
Ewiglich dienen sie
Mit sanftem Fleiße.
Da ist des Friedens Stätte,
Aller Gnaden Bau.
Da ist offenes Vernehmen
Aller Dinge,
Alle Gottesgeheimnisse
Sind ihnen offen.
Kund sind ihnen die verbor-
genen Pfade
In selbiger Wahrheit,
Derer keinen vergessen sie,
Denn nicht wankt ihnen das
Denken.
Ihnen gehört ein Alterbe,
Eines Reiches Ebenteil.
Da ist alles Guten Über-
fülle
Mit sicherem Haben,
Der vollkommenste Trost,
Die höchste Siegehre.
Da ist kein Fürchten,
Noch Mißgehaben.
Da ist Einmut
Aller Sanftmütigen,
Stillleste Lust,
Sichere Ruhe.
Da ist der Gottesfreunde
Sondergebäu.
Da ist keine Sündenstätte,
Weiß man von Sorgen nichts,
Da ist nichts Ungesundes,
Höchstes Heil ist da.
Der Untreue Verworfenheit
Schadet da nicht.
Da ist die feste Freundschaft,
Aller Seligkeiten höchste,
Freigebige Vertrautheit,
Königliche Ehren,
Unaussprechlicher Lohn,
Gottes Ebenerbe,
Wonniglich Mitsein mit ihm,
Das lustsamste Anschauen,
Seiner Minne-
Gaben teuerste.
Das ist das hehreste Gut,
Das da vorher bereitet ist
Gottes trauten Freunden,
Es mit ihm zu genießen
Immer und ewiglich —
Das ist ein Stück vom
Himmelreich,
Das ist sogetan.

2.

In der Hölle,
Da ist Tod ohne Tod,
Trauer und Jammer,
Lauter Unfreude,
Da gebricht es an Frohsinn.
Peches Ruch,
Der stärkste Schwefelstank,
Nebel der Verdammnis,

des tôdes scategruoba,
alles truobisales waga,
der verswelehente loug,
die wallenten stredema
viurîner dunste,
egilîch vinster,
diu iemêr êwente brunst,
diu vreissamen dôtbant,
diu betwungeniste
phragina,
claga, wuoft âne trôst,
wê âne wolun,
wîzze âne restî,
aller wenigheite nôt,
diu hertiste râcha,
der handogôste ursuoch,
daz sêrige elelentduom,
aller bittere meist,
kâla âne vriste,
ungenâdône vlîz,
uppigiu riuwa,
karelîch gedôzze,
weinleiches ahhizôt,
alles unlustes
zâlsam gesturme,
forhtône bîba,
zano klaffunga,
aller wêskreio meist,
diu iemêr werente angest,
aller skandigelîch,
daz scamilîcheste offen
aller tougenheite,
leides unende
und aller wêwigelîch,
marter unerrahlîch
mit allem unheile,
diu wêwiglîche haranskara,
verdamnunga swêreden
âne alle erbarmida,
iteniuwiu sêr
âne guot gedinge,
unverwandellîch ubel,
alles guotes âteil.
diu grimmigiste heriscaft,
diu vîantlîche siginunft,
griulîch gesemine,
der vûlida unsûbrigheit
mit allem unscône,
diu tiuvallîche anesiht,
aller egisi gelîch,
alles bales unmez,
diu leitlîche heima,
der helle karkâre,
daz rîchiste trisehûs
alles unwunnes,
der hizze abgrunde,
unbigebenlîch flor,
der tiuvalo tobeheit,
der ursinniglîche zorn
und aller ubelwillo,
der ist dâ verlâzen
in aller âhtunga vlîz
und in alla tarahaftî
dero hella erbon,
âne zîtes ende,
iemêr in êwa.
Sô ist taz helle-
rîche
eines teilis getân.

Des Todes Schattengrube,
Aller Trübsal Schwere,
Verschwählende Lohe,
Wallende Strudel
Feuriger Dünste,
Schreckendes Dunkel,
Immer und ewiges Brennen,
Verderbende Todesbande,
Zwang und Aus-
fragen,
Klage, Schrei ohne Trost,
Weh ohne Wohl,
Strafe ohne Rast,
Alles Elendes Not,
Die härteste Rache,
Das schärfste Verhör,
Schmerzliche Fremde,
Aller Bitternisse größte,
Qual ohne Frist,
Der Ungnaden Dauer,
Maßlose Reue,
Trauriges Getöse,
Tränenliedes Ächzen,
Aller Unlust
Fährlich Gestürme,
Beben vor Furcht,
Zähneklappen,
Lautester Wehschrei,
Immerwährende Angst,
Jederart Schande,
Schamerregendes Auftun
Alles Verborgenen,
Kein Ende des Leides
Und alles Wehes,
Marter unaussprechbar
Mit allem Unheile,
Wehschmerzender Frondienst,
Der Verdammnis Schwere
Ohn alles Erbarmen,
Stets neue Wunde
Ohne Hoffen auf Heilung,
Unabwendbares Übel,
Alles Guten unteilhaft,
Die grimmigste Herrschaft,
Des Feindes Siegruf.
Graunhafte Versammlung,
Der Fäulnis Unrat
Mit allem Unschönen,
Der Teufel Anblick,
Alle Schrecken zugleich,
Verderben im Unmaß,
Der Leiden Heimat,
Höllenkerker,
Das reichste Schatzhaus
Aller Unwonne,
Der Hitze Abgrund,
Verloren ohne Wiederkehr,
Der Teufel Toben,
Ihr sinnloser Zorn
Und lauter Übelwille —
All das ist losgelassen,
Um sie eifrig zu ächten
Und ihnen zu schaden,
Auf die Höllenerben,
Ohne Zeitende,
Immer und ewiglich —
Das ist ein Stück vom
Höllenreich,
Das ist sogetan.

7. Aus dem Annoliede.

Die Römer in Deutschland.

1.

Dü Cesar dü widere ci Rome gesan,
si ni woltin sin niht intfan,
si quadin, daz her durch sini geile
haviti virlorin des heris ein michil deil,
daz her in vremidimo lante
an urlof so lange havite.
mit zorne her dü widir wante
ci diutischimo lante,
da her hat' irkunnit
manigin helit vili gut.
her sante zu den Heirrin,
die dar in riche warin,
her clagitin allin sini noht
her bot un golt vili rot;
her quad daz her si wolti gern irgezzin
obir un ieht ci leide gedan hetti.

2.

Dü si virnamin sinin willen,
si saminotin sich dar alle:
uzir Gallia unti Germania
quamin imi scarin manige,
mit schinintin helmen,
mit vestin halspergin,
si brahtin manigin sconin schiltrant,
als ein vlut vurin s'in daz lant:
dü ci Rome her bigondi nahin
dü irvohtini dar manig man,
wanti si sagin schinin
so breite scarin sini,
vanin ingegin burhtin,
des libis si alle vorhtin.
Cato unti Pompeius

7. Aus dem Annoliede.

Die Römer in Deutschland.

1.

Als Cäsar zurück nach Rom kam gegangen,
Wollten sie dort ihn nicht empfangen.
Sie sagten, er hätt durch seine Übereil
Des Heeres verloren ein großes Teil,
Er hätte auch in fremden Landen
Ohne Urlaub das Heer zu lang gehalten.
Mit Zorn er da sich wieder wandte
Zurück zu dem deutschen Lande,
Darinnen er hatte erkannt
Guter Helden allerhand.
Er sandte zu den Herren,
Die dort in Herrschaft waren,
Er klagte ihnen all seine Not,
Bot ihnen viel Goldes rot,
Er sprach, er wolle sie gern ergötzen,
Falls er ihnen zu leide getan was hätte.

2.

Da sie vernahmen seinen Willen,
Da sammelten sich dort alle:
Aus Gallia und Germania
Kamen sie zu ihm in Scharen da,
Mit scheinenden Helmen,
Mit festen Halsbergen.
Sie brachten manchen schönen Schildrand;
Wie eine Flut fuhren sie ins Land;
Da er Rom begann zu nahn,
Fürchtete sich dort mancher Mann.
Als sie sahen den Schein
Der mächtigen Scharen sein,
Die Fahnen sie entgegen heben,
Alle fürchten für ihr Leben.
Rom zu räumen war der Entschluß

rumiti Romischi hus,
alder Senatus.
mit sorgen vluhin si diuruz:
her vur un nah iaginta,
witini slahinta,
unz in Egypti lant;
so michil ward der herebrant.

3.

Wer mohte gecelin al di menige
die Cesari iltin in geginne
van Ostrit allinthalbin,
alsi der sne vellit uffin alvin,
mit scarin unti mit volkin,
alsi der hagil verit van den wolkin.
mit minnerem herige
genanter an die menige,
dū ward diz heristi volcwig
also diz būch quit,
daz in disim merigarten
je geurumit wurde.

4.

Oy, wi die wifini clungin,
da di marin cisamine sprungin.
herehorn duzzin,
becche blūtis vluzzin,
derde diruntini diuniti,
di helli in gegine gliunte,
da di heristin in der werilte
sūhtin sich mit suertin.
dū gelach dir manig breiti scarī.
mit blūte birunnin gari,
da mohte man sin douwen
durch helme virhouwin
des richin Pompeiis man
da Cesar den sige nam.

Von Cato und Pompejus,
Der ganze Senatus
Floh aus der Stadt mit Verdruß,
Er aber zog, sie jagend,
In die Flucht sie schlagend,
Bis nach Egyptenland,
So mächtig ward der Kriegsbrand.

3.

Wer möchte all die Scharen zählen,
Die Cäsar entgegen sich stellen,
Von Osten her allenthalben,
Wie der Schnee fällt auf den Alpen,
Mit Scharen und mit Volke,
Wie der Hagel fährt aus der Wolke.
Mit minderem Heeresbann
Griff er die Menge an,
Da geschah die größte Völkerschlacht,
Also dies Buch sagt,
Die auf diesem Meergarten
Jemals geschlagen worden.

4.

O, wie die Waffen klangen,
Wie die Rosse ansprangen,
Die Heerhörner tosen,
Bäche Blutes flossen,
Die Erde rundum tönte,
Die Hölle ihnen entgegen dröhnte!
Da die Höchsten auf der Erde
Sich suchten mit dem Schwerte.
Da fiel manch breite Schar,
Mit Blute beronnen gar,
Da konnt man sie sterben schauen,
Die Helme ganz verhauen.
Des reichen Pompejus Schar,
Der entriß den Sieg da Cäsar.

5.

Dü vrouwite sich der iunge man
daz her die riche al gewan:
her vur dü mit gewelte
ci Rome sui so her wolte.
Romere dü sin infiengin
einin nuwin sidde aneviengin,
si begondin igizin den Heirrin,
daz vundin simi cerin,
wanter eini dü habite allin gewalt
der e gideilit was in manigvalt:
den sidde hiz er dü cerin
Diutischi liute lerin.
ci Rome deddir uf daz scazhus,
manig cieri nam her dan uz,
her gebite sinin holdin
mit pellin ioch mit golte:
sidir warin Diutschi man
ci Rome lif unti wertsam.

6.

Dü Cesar sin einti genam
unte der sin neve güt diu richi gewan,
Augustus der mere man
Owisburg ist na imi geheizan,
diu stifte ein sin stifsun
Drusus genanter,
dü ward gesant heirro Agrippa
daz her diu lant birehta,
daz her eini burg worhte
ci diu, daz in dad liuht vorhte
die burg hiz her Colonia,
da warin sint herrin maniga:
avir na selbe demo namin sinin
ist si geheizin Agrippina.

5.

Da freute sich der junge Mann,
Daß er die Reiche all gewann,
Er zog dann mit Gewalte
In Rom ein, so wie er wollte.
Als die Römer ihn empfingen,
Eine neue Sitte sie anfingen,
Sie begannen zu ihrzen den Herren,
Das erfanden sie, ihn zu ehren,
Denn der eine hatte jetzt alle Gewalt,
Die sonst geteilt war mannigfalt.
Diese Sitte hieß er, sie zu ehren,
Die deutschen Leute lehren;
Zu Rom tat er auf das Schatzhaus,
Manch Kleinod nahm er da heraus,
Er begabte, die ihm hold,
Mit Seide und mit Gold;
Von da ab war der deutsche Mann
Zu Rome lieb und wertsam.

6.

Als Cäsar an sein Ende kam,
Sein Neffe gut die Reiche gewann,
Augustus, der hehre Mann;
Augsburg ist nach ihm genannt,
Das stiftete sein einer Stiefsohn,
Drusus war er genannt;
Dann ward gesandt Herr Agrippa
Daß er verwalte die Lande da,
Daß er eine Burg gründe,
Damit er das Volk gehorsam finde.
Die Burg hieß er Colonia,
Es herrschten seitdem viele da,
Aber nach seinem eigenen Namen
Ward sie geheißen Agrippina.

7.

Ci dere burg vili dikki quamin
di Waltpodin vane Rome,
di dir oug er dar in lantin
veste burge havitin,
Wurmiz unti Spiri
diesi worhtin al die wili
dü Cesar dar in lante was
unter die Vrankin untersaz
dü worhter da bi Rine
Sedilhove sine:
Meginza was du ein Kastel:
iz gemerhte manig helit snel,
da ist nu dere Küninge wichtum,
dis Pabis senitstul.
Mezze stifte ein Cesaris man
Mezius geheizan,
Triere was ein burg alt,
si cierti Romere gewalt,
dannin man unter dir erdin
den win santi verri
mit steinin rinnin
den herrin al ci minnin,
die ci Kolne warin sedilhaft;
vili michil was diu iri craft.

7.

Zu dieser Burg gar oftmals kamen
Die Waltboten von Rome,
Die auch sonst in diesen Landen
Feste Burgen hatten.
Worms und Speyer so erstand,
Die erbaute man im Land,
Dieweil noch Cäsar da wohnte,
Unter den Franken herrschend thronte,
Die Siedelhöfe seine
Baut er da am Rheine:
Mainz erstand da als Kastell,
Das vergrößerte mancher Held schnell,
Da ist jetzt der Könige Weihung,
Und des Papstes Gerichtsstuhl.
Metz, ein Manne Cäsars baute dies,
Der Mezius mit Namen hieß.
Trier war eine Burg alt,
Sie schmückte der Römer Gewalt,
Von wo aus man unter der Erden hin
Den Wein leitete fernhin
In steinernen Röhren,
Den Herren alle zu Ehren,
Die zu Kölne waren seßhaft:
So gewaltig war ihre Kraft.

Wolfram von Eschenbach.

8. Wie Parzival erzogen ward.

Sich zôch diu frouwe jâmers balt
ûz ir lande in einen walt,
zer waste in Soltâne;
niht durch bluomen ûf die plâne.
ir herzen jâmer was sô ganz,
sine kêrte sich an keinen kranz,
er wære rôt oder val.
Si brâhte dar durch flühtesal
des werden Gahmuretes kint.
liute, die bî ir dâ sint,
müezen bûwn und riuten.
si kunde wol getriuten
ir sun. ê daz sich der versan,
ir volc si gar für sich gewan:
ez wære man oder wîp,
den gebôt si allen an den lîp,
daz se immer ritters wurden lût.
„wan friesche daz mîns herzen trût,
welch ritters leben wære,
daz wurde mir vil swære.
nu habt iuch an der witze kraft
und helt in alle rîterschaft.“
Der site fuor angestlîche vart.
der knappe alsus verborgen wart
zer waste in Soltâne erzogn,
an küneclîcher fuore betrogn;
ez enmöht an eime site sîn:
bogen unde bölzelîn
die sneit er mit sîn selbes hant,
und schôz vil vogele die er vant.
swenne abr er den vogel erschôz,
des schal von sange ê was sô grôz
sô weinder unde roufte sich,
an sîn hâr kêrt er gerich.

Wolfram von Eschenbach.

8. Wie Parzival erzogen ward.

Die Frau in ihrem Mißgeschick
Zog sich in einen Wald zurück,
In öder Gegend, zu Soltan,
Nicht um die Blumen auf dem Plan:
Voll Jammers war ihr Herze ganz,
Sie kümmert sich um keinen Kranz,
Ob frisch er wäre, ob verdorrt.
An diesen stillen Zufluchtsort
Bracht sie Herrn Gamuretens Kind.
Die Leute, die da bei ihr sind,
Die müssen roden, Felder baun,
Den Sohn zu herzen, bleibt der Fraun.
Und eh er zu Verstande kam,
Sie ihr Gesinde ernst vornahm,
Mann oder Weib, wen sie erfand,
Dem streng sie auf die Seele band,
Von Rittern nimmer einen Ton
Zu reden. „Wenn mein Herzenssohn
Vernähm, was Ritterleben wär,
Davon würd mir das Herze schwer,
Nun nehmt zusammen alle Kraft!
Verhehlt ihm alle Ritterschaft!"
Der Brauch schuf viel Beklommenheit.
So ward nun in Verborgenheit
Der Knabe dort erzogen,
Um Königsart betrogen.
Erlaubt blieb ihm ein einzger Brauch,
Daß Bogen er und Bolzen auch
Durft schnitzen sich mit eigner Hand
Und schießen, wo er Vögel fand.
Doch als ein Vöglein er erlegt,
Das erst so lauten Sang gepflegt,
Da weint er, raufte sich das Haar,
Das daran doch nicht schuldig war.

Sîn lîp was clâr unde fier:
ûf dem plân am rivier
twuog er sich alle morgen.
erne kunde niht gesorgen,
ez enwære ob im der vogelsanc,
die süeze in sîn herze dranc:
daz erstracte im sîniu brüstelîn.
al weinde er lief zer künegîn.
sô sprach si: „wer hât dir getân?
du wære hin ûz ûf den plân.“
ern kunde es ir gesagen niht,
als kinden lîhte noch geschiht.
dem mære gienc si lange nâch.
eins tages si in kapfen sach
ûf die boume nâch der vogele schal,
si wart wol innen daz zeswal
von der stimme ir kindes brust.
des twang in art und sîn gelust.
frou Herzeloyde kêrt ir haz
an die vogele, sine wesse um waz:
si wolt ir schal verkrenken.
ir bûliute unde ir enken
die hiez si vaste gâhen,
vogele würgn und vâhen.
die vogele wâren baz geriten:
etslîches sterben wart vermiten:
der beleip dâ lebendic ein teil,
die sît mit sange wurden geil.
Der knappe sprach zer künegîn:
„waz wîzet man den vogelîn?“
er gert in frides sâ zestunt.
sîn muoter kust in an den munt,
diu sprach: „wes wende ich sîn gebot,
der doch ist der hœhste got?
suln vogele durch mich freude lân?“
der knappe sprach zer muoter sân:
„ôwê muoter, waz ist got?“

Sein Wuchs war stolz, die Farbe hell,
Ein Bach floß durch die Fluren schnell,
Drin wusch er sich am Morgen;
Er kannte keine Sorgen,
Nur rührte ihn der Vogelsang,
Der süß ihm in das Herze drang.
Da hob sich ihm die zarte Brust,
Daß er mit Tränen laufen mußt
Zur Mutter. „Du warst auf dem Plan?“
Sprach sie, „wer hat dir was getan?“
Er konnt kein Wörtlein sagen,
Wie's geht in Kindestagen.
Das Ding ihr doch viel Sorgen schafft;
Da sieht sie einmal, wie er gafft
Zum Baum, wo Vogelsang erscholl,
Da ward sie's innen: es erschwoll
Von dieser Stimm des Kindes Brust,
In seiner Art lag derlei Lust.
Am Vogelsang die Freude
Ward Haß bei Herzelohde:
Daß Vöglein nicht mehr sängen,
Tät sie die Knechte drängen,
Die kommen all gegangen,
Zu würgen sie, zu fangen.
Viel Vöglein aber flogen fort,
Entgingen also diesem Mord,
Und die lebendig blieben,
Den Frohsang stärker trieben.
Der Knabe sprach zur Mutter sein:
„Was hat man gegen die Vögelein?“
Er bat, zu schonen sie zurstund.
Seine Mutter küßt ihn auf den Mund
Und sagt: „Was brach ich des Gebot,
Der doch ist der höchste Gott?
Will nicht mehr Vöglein stören.“
Da ließ das Kind sich hören:
„Was ist das, liebe Mutter, Gott?“

„sun, ich sage dirz âne spot:
er ist noch liehter denne der tac,
der antlitzes sich bewac
nâch menschen antlitze.
sun, merke eine witze
und flêhe in umbe dîne nôt:
sîn triwe der werlde ie helfe bôt.
sô heizet einr der helle wirt:
der ist swarz, untriwe in nicht verbirt.
von dem kêr dîne gedanke,
und och von zwîvels wanke.“
sîn muoter underschiet im gar
daz vinster und daz lieht gevar.
dar nâch sîn snelheit verre spranc.
er lernte den gabilôtes swanc,
dâ mite er mangen hirz erschôz,
des sîn muoter und ir volc genôz.
ez wære æber oder snê,
dem wilde tet sîn schiezen wê.

9. Wie Parzival die Gralsburg verließ.

Parzivâl niht eine lac:
gesellecliche unz an den tac
was bî im strengiu arbeit.
ir boten künftigiu leit
sanden im in slâfe dar,
sô daz der junge wol gevar
sîner muoter troum gar widerwac,
des si nâch Gahmurete pflac.
Sus wart gesteppet im sîn troum
mit swertslegen umbe den soum,
dervor mit maneger tjoste rîch.
von rabbîne hurteclîch
er leit in slâfe etslîche nôt.
möhter drîzecstunt sîn tôt,

„Ach, Sohn, er ist lichter, ohne Spott,
Als wie der Tag entglommen,
Antlitz hat er genommen,
Wie eines Menschen Angesicht,
Mein liebes Kind, vergiß das nicht
Und ruf ihn an in jeder Not,
Der aller Welt stets Hilfe bot.
Schwarz ist jedoch der Hölle Wirt,
Der immerdar voll Untreu irrt.
Von dem kehr dein' Gedanken
Und auch von Zweifels Wanken!"
Licht — Finsternis — die beiden
Lehrt sie ihn unterscheiden.
In Schnelle tät er springen
Und auch den Wurfspieß schwingen.
Manch Hirschlein, seine Beute,
Der Mutter Tisch erfreute.
Ob's trocken war, ob tiefer Schnee,
Dem Wilde tat sein Schießen weh.

9. Wie Parzival die Gralsburg verließ.

Parzival allein nicht lag:
Sein Schlafgesell bis an den Tag
War ihm die Mühseligkeit:
Es schickte das zukünftige Leid
Im Schlaf die Boten vor sich her;
Mich will bedünken, daß so schwer
Der Jüngling da geträumet hätt,
Wie seine Mutter von Gamuret.
Es war gesteppet ihm sein Traum
Mit Schwertesschlägen um den Saum,
Mit Waffenspielen, reich und groß,
Mit Rosserennen, Stoß auf Stoß.
Das schuf dem Schläfer manche Not,
Er hätte dreißigfachen Tod

daz heter wachende ê gedolt:
sus teilte im ungemach den solt.
von disen strengen sachen
muos er durch nôt erwachen.
im switzten âdern unde bein.
der tag ouch durch diu venster schein.
dô sprach er: „wê wâ sint diu kint,
daz si hie vor mir niht sint?
wer sol mir bieten mîn gewant?"
sus warte ir der wîgant,
unz er anderstunt entslief.
nieman dâ redete noch enrief:
si wâren gar verborgen.
umbe den mitten morgen
do erwachte aber der junge man:
ûf rihte sich der küene sân.
ufem teppech sach der degen wert
ligen sîn harnasch und zwei swert.
Dô sprach er zim selben sân:
„ouwê durch waz ist diz getân?
deiswâr ich sol mich wâpen drîn.
ich leit in slâfe alsölhen pîn,
daz mir wachende arbeit
noch hiute wætlich ist bereit.
hât dirre wirt urliuges nôt
sô leist ich gerne sîn gebot
und ir gebot mit triuwen,
diu disen mantel niuwen
mir lêch durch ir güete.
wan stüende ir gemüete
daz si dienest wolde nemn!
dez kunde mich durch si gezemn,
und doch niht durch ir minne:
wan mîn wîp di küneginne
ist an ir lîbe alse clâr,
oder fürbaz, daz ist wâr."
er tet alser tuon sol:

Erlitten lieber, wär er wach.
So reich bedacht ihn Ungemach.
All diese strengen Sachen
Ließen ihn erwachen;
Ihm schwitzten Adern und Gebein,
Durchs Fenster kam des Tages Schein.
„Wo nur die Knappen alle sind?“
So sprach er, „daß sich keiner findt?
Wer soll mir reichen mein Gewand?“
Es wartete der Wigand,
Bis er hinwiederum entschlief.
Niemand da redete noch rief;
Sie waren gar verborgen.
Erst um den mitten Morgen
Erwachte wieder der junge Mann,
Aufrichtet sich der Kühne dann.
Auf dem Teppich konnt er liegen sehn
Einen Harnisch und der Schwerter zween.
Da sprach er zu sich selber dann:
„O weh, wie ward mir das getan?
Ich soll mich wappnen wohl damit?
Im Schlaf ich solche Pein erlitt,
Daß mir im Wachen viel Arbeit
Noch heut gewißlich ist bereit.
Bedrängt den Wirt des Krieges Not,
Folg gern ich seinem Aufgebot,
Und ihrem Gebot mit Treuen,
Die diesen Mantel, den neuen,
Hinlegt' in ihrer Güte!
O, stünd so ihr Gemüte,
Daß ihr mein Dienst genehme,
Wie gern ich dahin käme!
Nicht freilich um ihre Minne:
Mein Weib, die Königinne,
Die ist an Schönheit auch so hehr
Oder schöner noch viel mehr!
Drauf tat er, was er sollte tun:

von fuoz ûf wâpent er sich wol
durch strîtes antwurte,
zwei swert er umbe gurte.
zer tür ûz gienc der werde degen:
dâ was sîn ors an die stegen
geheftet, schilt unde sper
lent derbî: daz was sîn ger.
Ê Parzivâl der wîgant
sich des orses underwant,
mangez er der gadem erlief,
sô daz er nâch den liuten rief.
nieman er hôrte noch ensach:
ungefüege leit im dran geschach.
daz het im zorn gereizet.
er lief, da er was erbeizet
des âbents, dô er komen was.
dâ waz erde unde gras
mit tretenne gerüeret
untz tou gar zerfüeret.
al schrînde lief der junge man
wider ze sîme orse sân:
mit pâgenden worten
saz er drûf. die porten
vander wît offen stên,
derdurch ûz grôze slâ gên:
niht langer er dô habete,
vast ûf die brükke er drabete.
ein verborgen knappe 'z seil
zôch, daz der slagebrüken teil
hetz ors vil nâch gevellet nidr.
Parzivâl der sach sich widr:
dô wolter hân gevrâget baz.
„ir sult varen der sunnen haz,"
sprach der knappe: „ir sît ein gans
möht ir gerüeret hân den flans.
und het den wirt gevrâget!
vil prîss iuch hât beträget."

Von Fuß an wappnet er sich nun,
Daß er mög Antwort stehn im Streit,
Hängt er ein Schwert an jede Seit.
Als er zum Tor gefunden,
Steht dort sein Roß gebunden,
Und dabei lehnen Schild und Speer,
Da hatt er nun all sein Begehr.
Eh Parzival, der Degen wert,
Sich kümmern wollte um das Pferd,
Er manche Kammer erst durchlief
Und nach den Leuten schaut und rief,
Doch hört und sah er keinen Mann,
O, welches Leid er da gewann!
Zorn faßt ihn unermessen;
Wo er abends abgesessen,
Als er gekommen — was war das?
Sah er die Erde und das Gras
Zertreten und zerstampfet
Und allen Tau verdampfet.
Laut klagend lief der junge Mann
Wieder zu dem Rosse dann;
Mit scheltenden Worten
Bestieg er es. Die Pforten
Fand er weit offen stehen,
Eine Spur hinaus tät gehen:
Blieb länger nicht zurücke
Und trabte auf die Brücke.
Ein Knapp zog, der verborgen lag,
Das Seil, daß der Fallbrücke Schlag
Sein Roß schier warf darnieder.
Da blickt er um sich wieder.
Eine Frage hätt da wohl gepaßt.
„Ihr verdient, daß Euch die Sonne haßt!"
Rief der Knapp, „Ihr seid eine Gans!
Ihr konntet rühren doch den Flans
Und konntet Euern Wirt doch fragen;
Ihr wolltet nicht den Preis erjagen!"

Gottfried von Strassburg.

10. Riwalin und Blanscheflur.

Nu was diu hôhgezît geleit,
benennet unde besprochen
die blüenden vier wochen,
sô der vil süeze meie în gât,
unz an daz, dâ er ende hât,
bî Tintajôl sô nâhen,
daz sî sich undersâhen,
in die schœnsten ouwe,
die deheines ougen schouwe
ie überlûhte, ê oder sît.
diu senfte, süeze sumerzît,
diu hæte ir süeze ummüezekeit
mit süezem flîze an sî geleit:
diu kleinen waltvogelîn,
diu des ôren fröude sulen sîn,
bluomen, gras, loup unde bluot,
und swaz dem ougen sanfte tuot
und edele herze erfröuwen sol,
des was diu sumerouwe vol!
man vant dâ, swaz man wolte,
daz der meie bringen solte:
den schate bî der sunnen,
die linden bî dem brunnen,
die senften linden winde,
die Markes ingesinde
sîn wesen engegene macheten;
die liehten bluomen lacheten
ûz dem betouweten grase.
des meien friunt, der grüene wase,
der hæte ûz bluomen ane geleit
sô wunneclîchiu sumerkleit,
daz sî den lieben gesten
in ir ougen widerglesten.

Gottfried von Straßburg.

10. Riwalin und Blanscheflur.

Das Fest war abgesprochen
Auf die blühenden vier Wochen,
Die uns der süße Mai beschert,
Bis daß er zu Ende fährt.
Das Feld lag Tintajöl ganz nah,
Man schaute rund herum von da
In die allerschönste Au,
Die jede andre Augenschau
Allzeit überstrahlet weit.
Die sanfte, süße Sommerzeit
Hat diese Au unausgesetzt
Mit süßem Fleiße süß geletzt.
Die kleinen Waldvögelein,
Die der Ohren Freude sollen sein,
Blumen, Gras, Laub und Bluht,
Und was den Augen sanfte tut
Und edles Herz erfreuen soll,
Des war die Sommeraue voll.
Man fand, was man nur wollte,
Daß der Mai bringen sollte:
Den Schatten bei der Sonnen,
Die Linde bei dem Bronnen,
Die sanften, linden Winde,
Die Markes Ingesinde
Ihr Dasein deutlich machten;
Die lichten Blumen lachten
Aus dem betauten Rasen.
Des Maien Freund, den Wasen
Im Sommerkleide man erblickt',
Mit Blumen wonniglich gestickt,
Daß aus den Augen jedem Gast
Wiederschien sein lieber Glast.

diu süeze boumbluot sach den man
sô rehte suoze lachende an,
daz sich daz herze und al der muot
wider an die lachende bluot
mit spilnden ougen machete
unde ir allez widerlachete.
daz senfte vogel gedœne,
daz süeze, daz schœne,
daz ôren unde muote
vil dicke kumet ze guote,
daz fulte dâ berc unde tal.
diu sælige nahtegal,
daz liebe, süeze vogelîn,
daz iemer süeze müeze sîn,
daz kallete ûz der blüete
mit solher übermüete
daz dâ manc edele herze van
fröud' und hôhen muot gewan.

. . . .

Unde swes der gerne sehende man
ze sehene guoten muot gewan,
daz lie diu state dâ wol geschehen;
man sach dâ, swaz man wolte sehen:
die fuoren sehen frouwen,
jene andere tanzen schouwen;
dise sâhen buhurdieren,
jene andere justieren.
swâ zuo den man sîn wille truoc,
des alles vant er dâ genuoc.
wan alle, di dâ wâren
von fröudebæren jâren,
die flizzen sich enwiderstrît
ze fröuden an der hôhgezît.
und Marke der guote,
der hövesche, hôhgemuote
ân' ander frouwen schônheit,
die er hæte an sînen rinc geleit,

Baumblüten blickten jedermann
So recht mit süßem Lachen an,
Daß sich Herz und Gemüte
An die lachende Blüte
Mit Liebäugeln machte
Und auch sie so anlachte.
So süße klingen nieder
Der Vöglein sanfte Lieder,
Der Schall aus ihren Kehlen
Füllt Ohren und die Seelen,
Man hört ihn über Berg und Tal.
Die glückselige Nachtigall,
Das liebe, süße Vögelein,
Das immerdar soll selig sein,
Das schwätzt und plaudert aus der Bluht
In solchem hellen Übermut,
Daß aus manch edlem Herzen bald
Frohmut und Freude widerhallt.

. . . .

Und wenn ein gern was sehender Mann
Zum Sehen guten Mut gewann,
Das konnte alles dort geschehn,
Man sah, was man nur wollte sehn:
Die gehn und sehen Frauen,
Und andre tanzen schauen,
Die sehen buhurdieren
Und andre das Tjostieren.
Wozu sein Wille jeden trug,
Das alles fand er da genug.
Denn alle, die noch waren
In lebensfrohen Jahren,
Beflissen sich im Wechselstreit
Der Freude bei der Festzeit.
Und Marke, der gute,
Der höfische, hochgemute,
Von andern Frauen abgesehn,
Die man im Ringe konnte sehn,

sô hæte er doch besunder
ein sunderlîchez wunder,
Blanscheflûr sîn swester dâ,
ein maget, daz dâ, noch anderswâ,
schœner wîp nie wart gesehen.
wir hœren von ir schœne jehen.
sin' gesæhe nie kein lebende man
mit inneclichen ougen an,
ern minnete dâ nâch iemer mê
wîp unde tugende baz dan ê.
. . . .

In dirre süezen sumerkraft
huop sich ein süeziu ritterschaft:
diu schar sich dâ dicke underwar,
sie zogeten sich her unde dar
unde triben des vil und sô genuoc,
biz sich der buhurt dar getruoc,
dâ Blanscheflûr diu werde,
ein wunder ûf der erde,
unde manc ander schœniu frouwe
sâzen an ir schouwe;
wan dise die riten sô rîche,
sô rehte keiserlîche,
daz ez manc ouge gerne sach.
swaz aber von iemen dâ geschach,
sô was der hövesche Riwalîn,
und muose ez ouch benamen sîn,
der ez des tages und an der stete
ze wunsche vor in allen tete.
ouch nâmen sîn die frouwen war
und jâhen des, daz in der schar
niemen nâch ritterlîchem site
alsô behendeclîche rite,
unde lobeten alle sîniu dinc:
„seht“, sprâchen sî, „der jungelinc
der ist ein sæliger man;
wie sælclîche stêt im an

Bewahrt er noch ein Wunder,
Das machte gerne kund er:
Das war seine Schwester Blanscheflur,
Eine Maid, so schön, als man sie nur
Auf Erden je gefunden.
Wir hörten das bekunden,
Nie hätte sie geschaut ein Mann
Mit inniglichen Blicken an,
Der danach nicht viel mehr als jetzt
Die Tugend und die Fraun geschätzt.
. . . .

In dieser süßen Sommerzeit
Hub sich ein süßer Ritterstreit;
Die Schar vermengte sich oft sehr,
Sie jagten sich wohl hin und her
Und trieben das genug und viel.
Da kam der Buhurt an das Ziel,
Wo Blanscheflur, die werte,
Das Wunder der Erde,
Mit manchen schönen Frauen
Da saß, das Spiel zu schauen.
Sie kamen angeritten
Mit kaiserlichen Sitten,
Daß es manch Auge gerne sah,
Doch was von andern da geschah,
So war es doch Herr Riwalin,
Dem man das höchste Lob verliehn,
Dieweil er heut, auf diesem Plan
Es allen andern vorgetan.
Das nahmen gern die Frauen wahr
Und sagten, daß in dieser Schar
Nach ritterlicher Sitte
Niemand behender ritte.
Sie lobten an ihm jedes Ding:
„Seht", sprachen sie, „den Jüngling,
Das ist ein seliger Mann,
Wie seliglich steht ihm doch an

allez daz daz er begât!
wie gar sîn lîp ze wunsche stât!
wie gânt im so gelîche enein
diu sîniu keiserlîchen bein!
wie rehte sîn schilt ze aller zît
an sîner stat gelîmet lît!
wie zimet der schaft in sîner hant!
wie wol stât alles sîn gewant!
wie stât sîn houbet und sîn hâr!
wie süeze ist aller sîn gebâr!
wie sæleclîche stât sîn lîp!
ô wol, sie sæligez wîp,
der fröude an ime belîben sol!"
nu marcte ir aller mære wol
Blanscheflûr diu guote;
wan sî in ouch in ir muote,
swaz ir deheiniu tæte,
ze hôhem werde hæte;
si hæte in in ir muot genomen,
er was ir in ir herze komen,
er truoc gewalteclîche
in ir herzen künicrîche
daz zepter und die krône:
daz sî doch alsô schône
und also tougenlîchen hal,
daz si'z in allen vor verstal.

Nu daz der buhurt dô zergie
unde sich diu ritterschaft zerlie,
unde iegelîcher kêrte,
dar in sîn muot gelêrte
nu kom ez von aventiure alsô,
daz Riwalîn gekêrte dô,
dâ Blanscheflûr diu schœne saz.
hie mit gesprankte er nâher baz,
unde als er ir under ougen sach,
vil minneclîche er zuo' ir sprach:

Alles, was er nur beginnt:
Wie schön gebaut die Glieder sind!
Wie ebenmäßig fügen sich
Die Beine, wahrhaft kaiserlich!
Wie liegt der Schild zu jeder Zeit
Fest angeleimt an seiner Seit!
Wie paßt der Schaft zu seiner Hand!
Wie prächtig steht ihm das Gewand!
Wie schön an Haupt und Haaren!
Wie süß ist sein Gebaren!
Wie wohlgebaut sein schöner Leib,
Wie selig dünket mir das Weib,
Die immer seiner froh darf sein!"
Wohl merkte aller Lob so fein
Blanscheflur voll Güte,
Und weil auch ihr Gemüte
So wert ihn hielt wie keine,
So ist der einzig eine
Denn in ihr Herz gekommen,
Hat ihr den Sinn benommen:
In ihres Herzens Königreich
Da waltet er, dem Herrscher gleich,
Mit Zepter und mit Krone.
Doch daß er dorten throne,
Blieb allen noch verhohlen,
Sie dacht es nur verstohlen.

Der Buhurt war an seinem Ziel,
Zu Ende war das Ritterspiel,
Und jeder ist gegangen,
Wohin ihn tät verlangen.
Von ohngefähr es sich so fand,
Daß Riwalin sich dahin wandt,
Wo Blanscheflur, die schöne, saß.
Er sprengte dicht heran durchs Gras.
Und als er ihr ins Auge sah,
Wie minniglich erklang es da:

â, dê vus sal, bêle!“
„merzî“, dît la puzêle,
und sprach vil schämelîche:
„hêrre got, der rîche,
der elliu herze rîche tuot,
der rîche iu herze unde muot!
und iu sî grôze genigen;
und aber des rehtes unverzigen,
des ich an iuch ze redene hân.“ —
„ach, süeze, waz hân ich getân?“
sprach aber der hövesche Riwalîn.
sie sprach: „an einem friunde mîn,
dem besten, den ich ie gewan,
dâ habet ir mich beswæret an.“ —
„jâ, herre!“ dâhte er wider sich,
„waz mære ist diz? oder waz hân ich
begangen wider ir hulden?
was gît si mir ze schulden?“
unde wânde, daz er eteswen
ir mage, disen oder den,
unwizzende an der ritterschaft
gemachet hæte schadehaft,
dâ von ir herze swære
unde im erbolgen wære.

Nein, der friunt, des sî gewuoc,
daz was ir herze, in dem si truoc
von sînen schulden ungemach,
daz was der friunt, von dem sie sprach
ie doch enwist' er niht hie mite;
nâch sînem ellîchen site
sprach er vil minneclîche z'ir:
„schœn, ich enwil niht, daz ir mir
haz oder argen willen traget;
wan ist ez wâr, als ir mir saget,
sô rihtet selbe über mich:
swaz ir gebietet, daz tuon ich.“
diu süeze sprach: „durh dise geschiht

„A, de vus sal, bele!“
„Merzi“, dit la puzele;
Und fügt hinzu, vor Scham ganz rot:
„Unser Herr, der reiche Gott,
Der alles Heil kann spenden,
Soll Mut ins Herz Euch senden,
Und Ihr sollt sein begnadet,
Des Rechtes unbeschadet,
Das ich auf Euch wohl haben kann!“
„Ach, Süße, was hab ich getan?“
Fiel höfisch Riwalin da ein.
Sie sprach: „Ach, einem Freunde mein,
Dem besten, den ich je gewann,
Uns beiden habt Ihr Leids getan!“
„O Gott!“ so dacht er da bei sich,
„Was soll das heißen? was hab ich
Begangen gegen ihre Huld?
Und wessen gibt sie mir da Schuld?“
Und wähnte, daß er irgendwen
Der Sippe, diesen oder den,
Gekränkt an seiner Ritterehre,
Unwissentlich, wer es wohl wäre,
Und das hätt sie verletzet
Und sie in Zorn versetzet.

Ach nein, ihr Freund, den sie gehegt,
Das war ihr Herze, darin trägt
Sie seinetwillen Ungemach,
Das war der Freund, von dem sie sprach.
Doch wußt er nicht um ihren Sinn.
Nach seiner Art warf er so hin
Und sprach viel minniglich zu ihr:
„Ich will nicht, Schöne, daß Ihr mir
Haß oder argen Willen tragt,
Drum, ist das wahr, was Ihr mir sagt,
So richtet selber über mich,
Was Ihr gebietet, tue ich.“
Die Süße sprach: „Um dieses Ding

enhazze ich iuch ze sêre niht;
i'ne minne iuch ouch niht umbe daz;
ich wil iuch aber versuochen baz,
wie ir mir ze buoze wellet stân
umbe daz, daz ir mir habt getân."
Sus neig er ir und wolte dan,
und sî, diu schœne, ersûfte in an
vil tougenlîchen, unde sprach
ûz inneclichem herzen: „ach,
friunt lieber, got gesegene dich!"
dô allrêrste huob ez sich
mit gedanken under in.
Kanêlengres der kêrte hin,
in maneger slahte trahte;
er trahte maneger slahte,
waz Blanschefliure swære,
und dirre mære wære.
ir gruoz, ir rede betrahte er gar,
ihr sûft, ir segen, al ir gebâr
daz markte er al besunder
unde begunde iedoch hier under
ir siuften und ir süezen segen
ûf den wec der minne wegen:
er kom benamen an den wân,
diu zwei diu wæren getân
durch niht niuwan durch minne.
daz enzunte ouch sîne sinne,
daz sî sâ wider fuoren,
und nâmen Blanschefluoren,
unde fuorten sî mit in zehant
in Riwalînes herzen lant
und krônten sî dar inne
im z'einer künneginne.
jâ Blanscheflur und Riwalîn,
der künik, diu süeze künegîn,
die teilten wol gelîche
ir herzen künicrîche:

Ist gegen Euch mein Haß gering,
Auch nicht, daß ich Euch drum nicht minn,
Doch will ich prüfen Euren Sinn,
Will Euch zur Buße raten
Für Eure Missetaten!"
Er neigt sich vor ihr, will hindann,
Und sie, die Schöne, seufzt ihn an,
Ganz heimlich tat sie das und sprach
Aus inniglichem Herzen: „Ach,
Lieber Freund, Gott segne dich!"
Seit dieser Stunde macht es sich,
Daß beide dachten her und hin:
Ans Denken gab sich Riwalin.
Ihm wanken die Gedanken,
Und die Gedanken wanken,
Was Blanscheflur wohl dächte,
Ihr solchen Kummer brächte.
Gruß, Wort, Gebaren vor ihm stand,
Ihr Seufzen, Segnen, unverwandt
Bedacht er's einzeln, Wort für Wort,
Und wollt am liebsten allsofort
Ihr Seufzen, ihren Segen
Auf der Minne Wage legen.
So kam er wirklich zu dem Wahn,
Das beides hätte sie getan
Durch andres nichts denn Minne.
Da flammten ihm die Sinne,
Bis kräftig sie zufuhren
Und nahmen Blanscheflurcn
Und führten sie an ihrer Hand
In Riwalinens Herzensland
Und krönten sie darinne
Zu seiner Königinne.
Ja, Blanscheflur und Riwalin,
Er König und sie Königin,
Die teilten beide sich zugleich
In ihrer Herzen Königreich:

daz ir wart Riwalîne,
dâ wider wart ir daz sîne;
und enwiste iedoch dewederîz niht
umbe des anderen geschiht.
sie hæten sich wol under in zwein
einmüeteclîche und rehte enein
mit ir gedanken undernomen.
dâ was wol reht ze rehte komen:
sie lag ouch ime ze herzen
mit dem selben smerzen,
den sî von sînen schulden leit.
und wande er aber gewîsheit
ir willen niene hæte,
in welher wîs si'z tæte,
durch haz, od aber durch minne,
daz machete sîne sinne
in zwîvele wanken;
er wancte mit gedanken
wîlen abe und wîlen an:
iezuo wolt' er benamen dan,
und al zehant sô wolte er dar;
unz er sich also gar verwar
in den stricken sîner trahte,
daz er dannen niene mahte.
  Der gedanchafte Riwalîn,
der tete wol an im selben schîn,
daz der minnende muot
reht' alse der frîe vogel tuot,
der durch die frîheit, die er hât,
uf daz gelîmde zwî gestât;
als er des lîmes danne ensebet,
und er sich ûf ze flühte hebet,
sô klebt er mit den füezen an;
sus reget er vedere und wil dan,
dà mite gerüeret er daz zwî
an deheiner stat, swie kûm ez sî,
ezn binde in unde mache in haft,

Dem Riwalin das eine,
Und ihr gehört das seine.
Nur blieb's jedwedem unbekannt,
Wie's eigentlich ums andre stand.
So hielten sie sich denn zu zwein
Einmütiglich und überein
In Gedanken fest umwunden:
Der Rechte war gefunden!
Sie lag auch ihm im Herzen,
Mit denselben Schmerzen,
Die sie durch sein Verschulden trug.
Doch weil Gewißheit nicht genug
Ihm klang aus ihren Worten,
Ob sie gesprochen dorten
Aus Haß oder aus Minne,
Drum mußten seine Sinne
In Zweifelmute wanken;
Er wankte mit Gedanken
Eine Weile ab, eine Weile an:
Jetzt wollte wirklich er von dann,
Und gleich drauf wollt er wieder her,
Bis daß er endlich immer mehr
Umstrickt ward von Gedanken,
Da ließ er denn sein Schwanken.
  Riwalin mit dem Denken sein
Gibt uns den klaren Augenschein,
Daß ein Gemüt, an Minne reich,
Ganz einem freien Vogel gleich,
Der kraft der Freiheit, die er hat,
Auf ein geleimtes Zweiglein trat.
Wird er des Leimes dann gewahr
Und hebt zur Flucht sein Flügelpaar,
So klebt er mit den Füßen an.
Er regt's Gefieder, will von dann,
Doch kann's ihm nicht gelingen,
Den Zweig dahin zu bringen,
Daß er ihn läßt, er bleibt in Haft,

so sleht er danne ûz aller kraft
dar unde dar, und aber dar,
unz er ze jungeste gar
sich selben vehtende übersiget
unde gelîmet an dem zwîge liget.

11. Gottfrieds Sangesgenossen.

Hartman der Ouwære,
ahî, wie der diu mære,
beid' uzen unde innen,
mit worten und mit sinnen
durch värwet und durchzieret!
wie er mit rede figieret
der âventiure meine!
wie lûter und wie reine
sîn kristallîniu wortelîn,
beidiu, sint und iemer müezen sîn!
si koment den man mit siten an,
sie tuont sich nâhe zuo dem man,
und liebent rehtem muote.
swer guote rede ze guote
unde ouch ze rehte kan verstân,
der muoz dem Ouwære lân
sîn schapel unde sin lôrzwî.
swer nu des hasen geselle sî,
und uf der wortheide
hôchsprünge und wîtweide
mit bickelworten welle sîn,
unde ûf daz lôrschapelekîn,
wân âne volge welle hân,
der lâze uns bî dem wâne stân,
wir wellen an der kür ouch wesen:
wir, die die bluomen helfen lesen,
mit den daz selbe loberîs

Da schlägt er nun mit aller Kraft
Dahin, dahin und dahin jetzt,
Bis daß er denn zu allerletzt
Fest auf den Zweig geleimt und matt
Daliegt und ausgefochten hat.

11. Gottfrieds Sangesgenossen.

Hartmann von der Aue,
Ahi! wie gern ich's schaue,
Wie der bis auf den tiefsten Grund
Die Worte und den Sinn macht bunt,
Seine Märe färbt und zieret!
Sein Wort trifft, wohl visieret,
Den Sinn der Abenteuer.
Wie sind sie klar, voll Feuer,
All die kristallenen Worte,
Stets an dem rechten Orte!
Sie muten rechter Art uns an,
Sie gehen an das Herz hinan,
Wohl tun sie dem Gemüte.
Wer einer Rede Güte
Und ihren Sinn recht fassen kann,
Der reiche dar dem Hartmann
Seinen Kranz und sein Lorbeerreis!
Wer aber nach der Hasen Weis
Auf der Worte Heide
Hochspringend seine Weide
An abgerissenen Wörtern findt
Und auf ein Lorbeerkränzlein sinnt,
Das er jedoch nicht haben kann,
Der fecht nicht unser Urteil an:
Wir wollen auch Preisrichter sein,
Wir lesen mit die Blümelein,
Mit denen dieses Ruhmesreis

underflohten ist in bluomen wîs,
wir wellen wizzen, wes er ger:
wan swer es ger, der springe her,
unde stecke sîne bluomen dar:
sô nemen wir an den bluomen war,
op sî sô wol dar an gezemen,
adz wir's dem Ouwære nemen
und geben im daz lôrzwî.
sît aber noch nieman komen sî,
der ez billîcher süle hân,
sô helf' iu got, sô lâze wir'z stân;
wir'n suln ez niemen lâzen tragen,
sîniu wort ensîn vil wol getwagen,
sîn rede ensî ebene unde sleht,
ob iemen schône unde ûfreht
mit ebenen sinnen dar getrabe,
daz er dar über iht besnabe.
vindære wilder mære,
der mære wildenære,
die mit den ketenen liegent
unde stumpfe sinne triegent,
die golt von swachen sachen
den kinden kunnen machen,
unde ûz der bühsen giezen
stoubîne mergriezen:
die bernt uns mit dem stocke schate,
niht mit der grünen linden blate,
mit zwîgen, noch mit esten,
ir schate der tuot den gesten
vil selten in den ougen wol:
op man der wârheit jehen sol,
dane gât niht guotes muotes van,
dane lît niht herzelustes an:
ir rede ist niht alsô gevar,
daz edel herze iht lache dar.
die selben wildenære,
si müezen tiutære

Durchflochten ist nach Blumenweis.
Wir möchten wissen sein Begehr:
Wenn er was will, er komm nur her
Und bringe seine Blumen dar,
Dann wird's durch diese Blumen klar,
Ob sie so licht erglänzen,
Daß ihn man soll bekränzen
An Stelle Hartmanns von der Au.
Doch da bis jetzt ich keinen schau,
Dem mit mehr Recht der Kranz gebührt,
So bleibe er unangerührt!
Den Kranz kein solcher je gewinnt,
Des Worte ungewaschen sind,
Des Rede einfach nicht und schlicht;
Wer aufrecht gehet, der will nicht
Beim Traben über die Gassen
Sich immer rütteln lassen.
So Dichter, so Verwilderer,
Wilder Mären Schilderer,
Mit Gauklerketten lügend,
Stumpfsinnige betrügend,
Die Gold aus schlechten Sachen
Kindern können machen,
In Sandform gießen möchten
Ihre Perlen, die unechten,
Als gäben ihre Latten
Gleich grünen Linden Schatten
Mit Zweigen, Laub und Ästen.
So Schatten tut den Gästen
Wohl schwerlich in den Augen wohl.
Wenn man die Wahrheit sagen soll,
Das bringt nicht Frohmut in die Brust,
Das schafft dem Herzen keine Lust.
So farbige Reden machen
Nicht, daß ein Herz kann lachen.
Die Sänger von so wildem Schlag
Die müssen schicken hintennach

mit ir mæren lâzen gân;
wir enmugen ir dâ nâch niht verstân,
als man sie hœret unde siht:
sone hân wir ouch der muoze niht,
daz wir die glôse suochen
in den swarzen buochen.

Noch ist der värwære mêr:
von Steinahe Blikêr;
diu sîniu wort sint lussam.
sie worhten frouwen an der ram
von golde und ouch von sîden,
man möhte s' undersnîden
mit kriecheschen borten;
er hât den wunsch von worten;
sînen sin, den reinen,
ich wæne, daz in feinen
ze wundere haben gespunnen
und haben in in ir brunnen
geliutert und gereinet.
er ist benamen gefeinet.
sîn zunge, diu die harphen treit,
si hât zwô volle sælekeit,
daz sint diu wort, daz ist der sin:
diu zwei, die harphent under in
ir mære in fremedem prîse.
der selbe wortwîse,
nemt war wie der hier under
an dem „umbehange" wunder
mit spæher rede entwirfet;
wie er diu mezzer wirfet
mit behendeclîchen rîmen.
wie kan er rîme lîmen,
als op si dâ gewahsen sîn!
ez ist noch der geloube mîn,
daz er buoch unde buochstabe
vür vedern an gebunden habe;

Ausleger, weil die Märe
Sonst unverständlich wäre.
Es faßt kein Hörer ihr Gedicht,
Und soviel Muße hat man nicht,
Daß man sich Glossen suche
Zu diesem schwarzen Buche.

Doch kenn ich noch der Färber mehr:
Von **Steinach Blicker**.
Seine Worte, die lustsamen,
Die wirkten wohl am Rahmen
Aus Seide Frauen und aus Gold,
Als ob man sie besetzen sollt
Mit griechischen Borten,
Denn Muster sind's aus Worten.
Und gar den Sinn, den reinen,
Mich dünkt, ihn hätten Feinen
Wundersam gesponnen
Und ihn in ihrem Bronnen
Geläutert und gespület,
Der Feinen Hand man fühlet.
Seine Zunge, die die Harfe schlägt,
Zwei Seligkeiten in sich trägt,
Es ist der Sinn und ist das Wort,
Die harfen wechselweise dort
Den Sang mit seltnem Preise.
Und dieser Wortweise,
O schaut, wie der mitunter
Auf seinem „Vorhang" Wunder
Mit kluger Rede uns entwirft!
Schaut, wie er die Messer wirft
Mit behenden Reimen!
Wie kann er Reime leimen,
Als ob sie so gewachsen sein.
Darum ist der Glaube mein,
Daß Buch er und Buchstabe
Sich angebunden habe

wan, wellet ir sîn nemen war,
sîn wort diu sweiment, alse der ar.
Wen mag ich nû mêr ûz gelesen?
ir ist, und ist genuoc gewesen
vil sinnec und vil rederîch.
von Veldeken Heinrîch,
der sprach ùz vollen sinnen:
wie wol sang er von minnen!
wie schône er sînen sin besneit!
ich wæne, er sîne wîsheit
ûz Pegases urspringe nam,
von dem diu wîsheit elliu kam.
i' ne hân sîn selbe niht gesehen;
nu hœre ich aber die besten jehen,
die, die bî sînen jâren
und sît her meister wâren,
die selben gebent im einen prîs,
er impete das êrste rîs
in tiutescher zungen,
dâ von sît este ersprungen,
von den die bluomen kâmen,
dâ sî die spæhe ûz nâmen
der meisterlîchen fünde;
und ist diu selbe künde
sô wîten gebreitet,
sô manege wîs geleitet,
daz alle, die nu sprechent,
daz die den wunsch dâ brechent
von bluomen und von rîsen,
an worten und an wîsen.
Der nahtegalen der ist vil,
von den ich nû niht sprechen wil;
sine hœrent niht ze dirre schar;
dur daz sprich' ich niht anders dar,
wan, daz ich iemer sprechen sol:
sie kunnen alle ir ambet wol,
und singent wol ze prîse

Wie Flügel, nehmet doch nur wahr:
Seine Worte schweben gleich dem Aar.
Wen soll ich noch auslesen
Aus vielen, die gewesen
An Worten reich und sinniglich?
Von Veldecke Herr Heinrich
Sprach auch aus vollem Herzen:
Wie sang er Liebesschmerzen!
Wie schön ist seiner Märe Kleid!
Ich wähn, daß seine Weisheit
Vom Pegasus den Ursprung nahm,
Von dem ja alle Weisheit kam.
Ich selber hab ihn nie geschaut,
Doch haben die Besten mir vertraut,
Die schon zu seinen Jahren
Und später Meister waren,
Sie gäben gerne ihm den Preis,
Weil er geimpft das erste Reis
In unserer deutschen Zungen,
Draus Äste sind entsprungen,
Und Blüten daraus kamen,
Die Anmut sich entnahmen
Den fremden Meisterwerken.
Und seither kann man merken,
Wie Kunst sich ausgebreitet,
Auf manche Art geleitet,
Daß die da dichtend sprechen,
Das Schönste jetzt sich brechen
Von Blumen allerorten,
An Weisen und an Worten.
Der Nachtigallen sind so viel,
Von denen ich nun nicht sprechen will,
Sie hören nicht zu dieser Schar,
Drum mach ich sie nicht offenbar.
Nur das ich immer wiederhol,
Daß sie ihr Amt verstehen wohl
Und singen mit hohem Preise

ir süeze sumerwîse,
ir stimme ist lûter unde guot,
sie gebent der werlde hôhen muot,
und tuont reht in dem herzen wol,
diu werlt diu wære unruoches vol
unde lebete rehte als ân ir danc,
wan der vil liebe vogelsanc
der ermant vil dikke den man,
der ie ze liebe muot gewan,
beide liebes unde guotes
unde maniger hande muotes,
der edelen herzen sanfte tuot.
ez wekket friuntlîchen muot
hievor kumet inneclîch gedanc,
so der vil süeze vogelsanc
der werlte ir liep beginnet zalen.
nu sprechet umbe die nahtegalen,
die sint ir dinges wol bereit
und kunnen alle ir senede leit
sô wol besingen unde besagen,
Welhiu sol ir baniere tragen?
sît diu von Hagenouwe,
ir aller leitefrouwe,
der werlde alsus geswigen ist,
diu aller dœne houbetlist
versigelt in ir zungen truoc?
von der denk' ich vil und genuoc,
(ich meine al von ir dœnen,
den süezen, den schœnen),
wâ sî der sô vil næme,
wannen ir daz wunder kæme
sô maneger wandelunge.
ich wæne, Orphêes zunge,
diu alle dœne kunde,
diu dœnete ûz ir munde.
Sît daz man der nu niht enhât,
so gebe uns etelîchen rât,

Ihre süße Sommerweise.
Laut ist ihre Stimme und auch gut,
Der ganzen Welt gibt's hohen Mut
Und tut im tiefsten Herzen wohl.
Die Welt, die wäre Leides voll
Und ginge nutzlos ihren Gang,
Doch der vielliebe Vogelsang
Der mahnt beständig jedermann,
Der je zur Liebe Lust gewann,
An Liebe mancher Art und Güte
Und was bewegt so das Gemüte
Und edeln Herzen wohlig tut.
Das wecket in uns frohen Mut:
Ein innig Denken uns durchzieht,
Wenn ein süß Vögelein ein Lied
Der Welt von Liebe läßt erschallen.
Das sprechet von den Nachtigallen:
Sie sind zum Singen stets bereit,
Verstehen auch ihr Liebesleid
So schön zu singen und zu sagen!
Wer soll denn nun das Banner tragen,
Seit die Hagenauerin,
Die ihrer aller Leiterin,
Verstummet ist, die schöne,
Die's Zauberbuch der Töne
Versiegelt unterm Zünglein trug;
Ich denke ihrer oft genug,
Wüßt gern von ihren Tönen,
Den süßen und den schönen,
Wo sie wohl hergenommen,
Woher das Wunder kommen
All der Abwandelungen.
Ich denk an Orpheus Zungen,
Der alle Töne waren kund,
Ob die wohl klang aus ihrem Mund?
Seitdem man jene nicht mehr hat,
So gebet uns doch etwas Rat,

ein sælic man der spreche dar,
wer leitet nû die lieben schar?
wer wîset diz gesinde?
ich wæne, ich sî wol vinde,
diu die baniere füeren sol:
ir meisterinne kan ez wol,
diu von der Vogelweide.
hei, wie diu über heide
mit hôher stimme schellet!
waz wunders sî gestellet!
wie spæhe s' organieret!
wi si ir sanc wandelieret!
(ich meine aber in dem dône
dâ her von Zithêrône,
dâ diu gotinne Minne
gebiutet ûf und inne).
diu ist dâ z' hove kameræriu.
diu sol ir leitærinne sîn!
diu wîset sî ze wunsche wol,
diu weiz wol, wâ si suochen sol
der minnen melodîe.
si und ir cumpânîe
die müeze sô gesingen,
daz sî ze fröuden bringen
ir trûren und ir senedez klagen:
unt daz geschehe bî mînen tagen!

---

12. Fêlix im paradîse.

— — — — — — — —

In einem grâwen lebene
Ein heiliger münch was,
der gerne von Got las,
Swaz er geschriben vant,
der was Fêlix genant.
Er was dêmuetik, als Iob,

Ein kundger Mann bescheid uns klar:
Wer leitet nun die liebe Schar?
Wer soll's Gefolge führen?
Ich glaub, ich kann's erspüren,
Wer nun das Banner tragen soll,
Eine Meisterin, die kann es wohl;
Die von der Vogelweide!
Hei! wie die über die Heide
Ihre Stimme hoch läßt klingen,
Was Wunders kann die singen!
Wie klug sie organieret
Und Lieder komponieret!
Mir ist bei ihrem Tone,
Sie stamm aus Zithcrone,
Dem Lande, da die Minne,
Die Göttin, herrschet inne,
Dort ist sie Frau Hofkämmerin,
Soll hier drum sein die Leiterin!
Sie führet auf das beste wohl
Und weiß auch, wo sie suchen soll
Der Minne Melodien.
Sie und die mit ihr ziehen,
Sie sollen durch ihre Lieder
In Freude wandeln wieder
Das Leid, die Liebesklagen —
Und zwar zu meinen Tagen!

---

12. Bruder Felix im Paradies.

— — — — — — — —

In einem grauen Orden
Ist einst ein Mönch gewesen,
Der gern von Gott gelesen,
Was er nur geschrieben fand,
Der war Felix genannt.
Demütig war er wie Job,

der himel küniginne lob
Uz sînem herzen nie enkwam:
keinem münche was er gram.
— — — — — — —
Des nahtes selden er entslief,
sîn herze ûf ze Gote rief
Unde sprach sîn gebet.
swaz ie kein münch getet,
Nimmer er daz beschalt,
noch leit mit leide gegalt,
Er liez ez allez âne nît.
Eines morgens, nâch prîmezît
Uz dem münster er gienk,
ein buoch er zuo im gevienk.
Dar inne begunde er lesen,
wie er möhte genesen.
Disiu rede im vor kwam,
sô ich ez wærlîchen vernam,
Daz in dem himel wære
vröude âne swære
Unde immer âne ende.
beide, ougen unde hende
Ze unserm herren er huob ûf,
Der solhe vröude geschuof,
Und lobt' in innenklîch,
daz in dem himelrîch
Wære vröude âne zal.
er ist sælik, der schouwen sal
sô rehte grôz si sîn,
daz tûsent zungen, noch diu mîn
Si vol gründen möhten niht;
dâ ist daz êwige lieht,
Daz nimmer verleschen mak;
diu heilige schrift daz selber jach,
Nie kein ouge si gesach,
und ouch nie geschach
Noch keines menschen ôren

Der Himmelskönigin Lob
Nimmer aus seinem Herzen kam,
Keinem Mönche war er gram.

— — — — — — —

Des Abends selten er entschlief,
Eh nicht sein Herz zu Gott aufrief
Und er sein Gebet gesprochen.
Hatt' ein Mönch was verbrochen,
Niemals er darüber schalt,
Noch Leid mit Leide vergalt;
Auch sah er alles ohne Neid.
Eines Morgens nach der Primezeit
Aus dem Kloster er schritt,
Ein Buch zur Andacht nahm er mit.
Drin hub er an zu lesen,
Wie er möcht genesen.
Da fand er eine Rede drin,
Wie ich des berichtet bin,
Daß in dem Himmel wäre
Freude ohne Schwere
Und ewig, ohne Ende.
Die Augen und die Hände
Tät er zu Gott aufheben,
Daß er solche Freude gegeben,
Und lobte Gott allzugleich,
Daß in dem Himmelreich
So Freuden wären ohne Zahl:
„Selig, der das schaut einmal!
So groß die Freuden sollen sein,
Daß tausend Zungen, auch die mein,
Sie voll ergründen nicht.
Da ist das ewige Licht,
Das niemals ein Erlöschen trifft;
Von dem da sagt die heilge Schrift:
Keines Menschen Auge hat's ersehn
Und wird's auch nimmermehr erspähn,
In keines Menschen Ohr ist kommen

möhten si vol hœren,
Noch herze vollen denken!
dar an begunde er wenken
Und dûht' in sîn unmügelîch.
dô sante Got von himelrîch
Dar ein klein vogelîn,
daz kündet' im die gaudîn,
Diu in dem himel wære,
mit sange lobebære.
Sô rehte wunnenklîch ez sank,
daz der münch ûf sprank,
Daz buoch er ze samen slôz
sîn vröude diu was grôz,
Daz er enweste, wâ er was;
swaz er vröuden ie gelas,
Daz dûht' in allez niht sîn,
sô suoze sank daz vogelîn;
Ez was wîz sô der snê;
im enwurde nimmer wê,
Swer ez hôrte singen,
tûsent harpfen klingen
Wæren niht sô suoze;
mit engelischem gruoze
Die vröude man im brâhte,
die sûberlîchen gedâhte.
Der vil heilige man
mangen danken gewan.
Wie er ez möhte gevân;
gegen im er begunde gân:
Daz vogelîn vor im vlô;
sô lobelîchen sang ez dô,
Daz der münch wart sô vrô,
sam er wære in dem himel hô,
Daz er nâch hete verlorn
sîne sinne; er hete gesworn,
Daz daz himelisch paradîs
wære dâ in allen wîs.

Der Sang, der im Himmel wird vernommen,
Kein Herz kann es zu Ende denken!"
Da wollt sich Zweifel in ihn senken:
Er dacht, daß das unmöglich wär.
Da sandte Gott vom Himmel her
Ein Vöglein, das ihm künde,
Was Freuden man da finde
Dereinst in Himmels Reichen.
Mit Tönen ohnegleichen
So wonniglich es sang,
Daß der Mönch hoch sprang
Und das Buch fest zusammenschloß,
Denn seine Freude war zu groß,
Er wußte nicht mehr, wo er wär.
Was er von Freuden las vorher,
Das dünkt ihm alles nichts zu sein,
So süße sang das Vögelein.
Es war so weiß als wie der Schnee,
Da verging ihm alles Weh.
Wer das hörte singen —
Wenn tausend Harfen klingen,
Tönt es nicht so süße.
Gleichwie Engelsgrüße,
So freudvoll in ihn sanken
Die lieblichsten Gedanken.
Da kam dem heilgen Mann
Wohl der Gedanke an,
Das Vöglein sich zu fangen.
Er ist drauf zu gegangen.
Aber das Vöglein vor ihm floh,
Und immer schöner sang es so,
Daß der Mönch ward so froh,
Als sei er in dem Himmel irgendwo.
Es gingen ihm verloren
Die Sinne, er hätt' geschworen,
Er wär in jeder Weise
Im himmlischen Paradeise.

Ez vlouk vil schiere dannen.
er sprach: „möht' ich bannen,
Daz dû wider kwæmes.
dîn sank sô genæm' ist,
Eijâ, liebez vogelîn,
dû hâst gemuot daz herze mîn
Mit dînem suezen sange,
solde ich alsô lange
Leben, als Elîas,
oder in dem Rœmischen palas
Gewaldik immer keiser sîn,
ich liez'ez durch daz singen dîn;
Aller harfen klingen
und aller vogelîn singen
über suezet, der dich hœret,
dîn edeler sank der stœret
Herzclîchez ungemach.
dô ich dich hôrt' unde sach,
Mich dûhte wærlîche,
ich wære in himelrîche:
O wê unde ô wê!
sol ich gehœren nimmer mê
Dînen lobelîchen sank!"
  Ze hant ein klokke erklank,
Dô lûte man mitten morgen,
do begunde der münch sorgen,
Grôze riuwe er empfienk,
gegen der pforten er gienk.
Der pfortenære dar lief,
der münch ûz wendik rief:
„Lieber bruoder, lâzt mich in." —
„wer sît ir?" — „ich bin
Ein münch, Fêlix genant,
dem apte bin ich wol bekant
Unde der samenunge,
alt' unde junge
Bekennen mich al gemeine wol,

Das Vöglein flog von dannen.
Er sprach: „Könnt ich es bannen,
Käm's wieder doch, und lang!
So anmutsvoll es sang!
Eia, liebes Vögelein,
Hast tief berührt das Herze mein
Mit deinem süßen Sange!
Sollt ich also lange
Leben, als Elias,
Sollt ich im römischen Palas
Gewaltig immer Kaiser sein,
Ich zöge vor das Singen dein.
Aller Harfen Klingen
Und aller Vöglein Singen,
Du hast das übersüßet,
Dein edler Sang, der büßet
Alles Herzensungemach.
Da ich dich hörte und ersach,
Da dachte ich sogleich,
Ich wär im Himmelreich!
O weh und o weh!
Soll ich denn hören nimmermeh
Deinen preislichen Gesang?"
  Plötzlich eine Glocke klang,
Man läutet mitten Morgen.
Dem Mönche kamen Sorgen,
Große Reue er empfing,
Und zu der Pforten er ging.
Der Pförtner kam dahin und lief,
Der Mönch von außen aber rief:
„Lieber Bruder, laßt mich ein!"
„Wer seid Ihr denn?" — „Wer soll ich sein?
Ein Mönch, Felix genannt,
Dem Abte bin ich wohl bekannt,
Und von unserm Konvent
Alt und jung mich kennt,
Sie kennen mich so allgemein,

als ein bruoder den andern sol.“
„Wie sît ir her bekomen?
daz het' ich gerne vernomen;
Wen ich iuch nie mê gesach.“
der münch zuo dem bruoder sprach:
„Bruoder, lâzet disen spot,
durch unsern lieben herren Got;
Schimpf der ist Got leit,
des weiz ich die wârheit.“
Der bruoder der sprach offenbâr:
„ich bin gewesen drîzik jâr
In disem klôster al hie,
daz ich iuch gesach nie;
Ichn' weiz, trouwen, wer ir sît.“
„izunt nâch prîme zît
Uz dem münster ich gienk,
grôze vröude ich enpfienk.
Von einem kleinen vogelîn,
sô grôz wart diu vröude sîn,
Daz mich her hât betrogen,
daz ist mir listeklîche enpflogen.“
„Ir redet nâch bedunken,
mich dunket, ir sît trunken
Worden des wînes:
Hæt' ir des Rînes
Sô vil in iuch gegozzen,
iu wær niht beslozzen,
Beide, pforte unde tor;
ir muezet blîben dâ vor.“

Dô sprach der alte bruoder sus:
„dô ich was ein novizius,
In disem klôster ein münch was,

Wie ein Bruder den Bruder sein."
„Wie seid Ihr her gekommen?
Das hätt ich gern vernommen;
Nicht weiß ich, daß ich Euch je sah."
Der Mönch zum Bruder sagte da:
„Bruder, lasset Euren Spott!
Bei unserm lieben Herrgott,
Solcher Schimpf ist Gott leid,
Das weiß ich in Wahrheit."
Der Bruder aber sprach: „Fürwahr,
Ich bin gewesen dreißig Jahr
In diesem Kloster allhie,
Doch Euch ersah ich nie.
Traun, ich weiß nicht, wer Ihr seid."
„Jetzund nach der Primezeit
Bin ich aus dem Kloster gangen,
Hab große Freud empfangen
Von einem kleinen Vögelein,
So groß ward die Freude mein.
Dann hat es mich betrogen,
Ist mir mit List entflogen!"
„Ihr redet, wie's Euch grad fällt ein.
Mich dünket, daß Ihr zu viel Wein
Getrunken. Wenn statt Weines
Ihr hättet des Rheines
Soviel in Euch gegossen,
Hielt ich nicht zugeschlossen
Vor Euch das Klostertor.
So bleibet nun davor!"

[Der Pförtner rief den Abt, dem der Mönch nochmals seine Geschichte erzählte. Da ließ man ihn denn herein und führte ihn in des Klosters Siechhaus, wo ein steinalter Bruder lag, der mehr denn hundert Jahre zählte. Den fragte man, ob er den fremden Mönch kenne. Da sagte er:]

„Da ich ein Novize war,
Ist im Kloster ein Mönch gewesen,

der gerne von Got las,
Swaz er geschriben vant,
der was Fêlix genant,
Der was ein heiliger man.
nâch prîme zît er entran,
Daz unser keiner in vernam
sider dem mâl, war er kwam.
Daz was der samenunge leit
unde was jâmer al ze breit,
Daz si in heten verlorn;
si heten alle wol gesworn,
Got het' in zuo sich genomen.
ist er nû her wider komen,
Daz ist ein wunder al ze grôz.
Gotes dienst in nie verdrôz."
Ichn' wil ez iu niht lengen:
der apt hiez im brengen
Ein buoch, dâ er inne vant,
wie ez umb die was gewant,
Die gestorben wâren
vor drîn hundert jâren;
Dar inne begunde er lesen,
daz er wær' ûzen gewesen.
Volliklîchen hundert jâr;
daz dûht' in sîn ein stunde gar!
Diz machte engels singen.
wer möchte vor bringen
Die vröude diu in dem himel ist,
dar inne selbe wonet Krist,
Engel ane beten.
mit sîner helfe sul wir treten
In daz himelrîche,
daz wir vrôlîche
Muezen mit sînen engeln sîn:
des hilf uns, liebe künigîn!

Der gern von Gott tät lesen,
Was er von ihm geschrieben fand,
Der ward Felix genannt,
Der war ein heiliger Mann.
Nach einer Primezeit er entrann,
Daß unser keiner je vernahm
Seit jener Zeit, wohin er kam.
Der Versammlung war das leid,
Und war Jammers weit und breit,
Daß er ging verloren.
Sie hätten alle geschworen,
Gott hätt ihn genommen.
Ist der nun wieder kommen,
Das ist ein Wunder übergroß.
Gottes Dienst ihn nie verdroß."
  Nicht längen will ich diese Mär:
Der Abt hieß bringen her
Ein Buch, drin er geschrieben fand,
Wie es um alle die bewandt,
Die gestorben waren
Seit dreihundert Jahren.
Darin stand zu lesen,
Daß er draußen gewesen
Vollgezählet hundert Jahr;
Das däucht ihn eine Stunde gar.
Das geschah durch Engels Singen.
Wer möchte vorbringen
Die Freude, die im Himmel ist?
Darinnen wohnt der Herre Christ,
Engel ihn anbeten.
Durch ihn sollen wir treten
In das ewige Himmelreich,
Wo wir allesamt zugleich
Singen in hochgemutem Sinn.
Dazu hilf uns, liebe Königin!

Wernher der Gärtenære.

13. Helmbrechts Rückkehr nach Hause.

Hie hebet sich ein mære,
daz vil muelîch wære
Ze verswigen den liuten:
ei, künd' ich ez bediuten,
Wie man in dâ heim enpfie!
ob man iht gegen im gie?
Nein, ez ward geloufen,
al mit einem houfen,
Einez vür daz ander drank:
vater unde muoter sprank,
Als in nie kalb erstürbe.
wer daz boten brôt erwürbe,
Dem gab man ez âne vluoch,
beide, hemd' unde bruoch.
Sprach das vrî wîb und der kneht:
„bis wilkomen, Helmpreht?"
Nein, si entâten;
ez ward in wider râten,
Si sprâchen: „junk herre mîn,
ir sult Got wilkomen sîn."
Er sprach: „vil liebe kindelîn,
Got lâz' iuch immer sælig sîn!"
Gegen im sîn swester lief,
mit den armen si in umbe swief.
Dô sprach er zuo der swester:
„grâtiâ vester!"
Hin vür was dem jungen gâch;
die alten zogeten hinden nâch,
Si enpfiengen in beid' âne zal;
ze dem vater sprach er: „Deus sal!"
Ze der muoter sprach er sâ
beheimisch: „Dobra ytrâ!"
Si sâhen beid' ein ander an,
beide, daz wîb und der man.
Diu hûs vrou sprach: „herre wirt,
wir sîn der sinne gar verirt,

Er ist niht unser beider kint,
er ist ein Beheim oder ein Wint."
Der wirt sprach: „er ist ein Walch,
mîn sun, den ich Got enpfalch,
Der ist ez niht sicherlîch:
und ist im doch gar enlîch."
Dâ sprach sîn swester Götlint:
„er ist niht iuwer beider kint;
Do ich im en gegen gienk
und in mit armen umbe vienk,
Dô antwurt er mir Latîn,
er mag wol ein pfaffe sin." —
„En triun," sprach der vrî man
„als ich von im vernomen hân,
Sô ist er ze Sahsen
oder ze Brabant gewahsen.
Er sprach: liebe kîndekîn,
des mag er wol ein Sahse sin."
Der wirt sprach mit rede sleht:
„bistu mîn sun Helmpreht?
Dû hast mich gewunnen dâ mit,
sprich ein wort nâch unserm sit',
Als unser vordern tâten,
sô dâz ich'z müg' errâten.
Dû sprichst immer: deus sal,
daz ich enweiz, ze wiu ez sal.
Ere dîn muoter unde mich,
daz dienen wir immer umbe dich,
Nû sprich ein wort tiutischen,
dîn pfert wil ich dir wischen,
Ich selbe unde niht mîn kneht,
lieber sun Helmpreht,
Daz dû sælig muezest sîn!" —
„ei, waz sagt ir gebürekin,
Und diz ungêrte wif?
min pert und minen klaren lif
Sol dehein gebürik man
z' wâr nimmer grîpen an."

Der Minnesang.

Der von Kürenberc.

14. Der Falke.

Ich zôch mir einen valken mêre danne ein jâr.
dô ich in gezamete als ich in wolte hân
und ich im sîn gevidere mit golde wol bewant,
er huop sich ûf vil hôhe und floug in anderiu lant.

Sît sach ich den valken schône vliegen:
er fuorte an sînem fuoze sîdîne riemen
und was im sîn gevidere alrôt guldîn.
got sende si zesamene die geliebe wellen gerne sîn.

Hêr Ditmâr von Aiste.

15. Der Falke.

Ez stuont ein frowe alleine
und warte uber heide
und warte ire liebe.
so gesach si valken fliegen.
„sô wol dir valke daz du bist!
du fliugest swar dir lieb ist:
du erkiusest dir im walde
einen boum der dir gevalle.
alsô hân ouch ich getân.
ich erkôs mir selbe einen man:
den erwelten mîniu ougen.
daz nîdent schône frouwen.
owê wan lânt si mir mîn liep?
jo engerte ich ir dekeiner trûtes niet.“

Der Minnesang.

Der von Kürenberg.

14. Der Falke.

Ich zog mir einen Falken länger denn ein Jahr,
Und als ich ihn gezähmet, wie ich ihn wollte han,
Und ich ihm sein Gefieder mit Golde wohl umwand,
Hub er sich hoch in Lüfte und flog in andres Land.

Seither sah ich den Falken schöne fliegen,
Er führt an seinem Fuße seidene Riemen,
Und war ihm sein Gefieder ganz rot von Gold.
Gott bringe sie zusammen die sich zu Liebsten gern gewollt!

Ditmar von Aist.

15. Der Falke.

Es stand eine Frau alleine
Und schaute über die Heide
Und schaut' nach ihrem Liebsten;
Einen Falken sah sie fliegen:
Wie glücklich, Falke, du doch bist!
Du fliegst, wohin dir lieb ist,
Erkiesest dir im Walde
Einen Baum, der dir gefalle.
Also hab auch ich getan,
Auch ich erkor mir einen Mann,
Den erwählten meine Augen,
Zum Neide schöner Frauen:
O weh, so laßt mir doch mein Lieb!
Seht, ich begehr auch eurer Trauten nicht

Hêr Heinrich von Morungen.

16. Liebesklage.

Sach ieman di frouwin
di man mac schouwin
in dem venstir stân?

Di vil wol getâne,
di mich tût âne
sorgin die ich hân,

Lûhtit sam der sunne tût
gegin dem liehtin morgin.
ê was sie verborgin,
dô mûtin mich sorgin:
di wil ich nu lân.

Ist ab ieman hinne
der sîne sinne
her behaldin habe?

Der gê nâch der schônin
die mit ir krônin
gie von hinnin ab,

Daz sie mir zu trôste kome,
ê daz ich virscheide.
di liebe und di leide
die wollin mich beide
furdirn hin zu grabe.

Man sol schrîbin kleine
reht ûf dem steine
der mîn grâf bevât,

Wie liep sie mir wêre
und ich ir unmêre:
swer dann ubir mich gât,

Heinrich von Morungen.

16. Liebesklage.

Sah jemand die Fraue,
Die ich dort schaue
Am Fenster stehn,

Ob die ihm gefalle?
Die Sorgen mein alle
Heißt sie von mir gehn.

Leuchtet, wie die Sonne tut
Am frühlichten Morgen.
Hielt sonst sich verborgen,
Da mühten mich Sorgen,
Die jetzo vergehn.

Doch werd ich des inne,
Daß einer die Sinne
Behalten noch hab,

Den schick ich zur Schönen,
Dann wird sie sich krönen,
Eilt zu mir herab,

Daß sie mich zu trösten komm
Vor meinem Verscheiden.
Die Lieb und das Leiden,
Es werden die beiden
Mich fördern hin zu Grab.

Dann stehe ganz kleine
Die Schrift auf dem Steine,
Der mein Grab anzeigt,

Wie ich nach ihr getrachtet
Und sie mich verachtet:
Wer dann über mich steigt,

Daz der lese dise nôt,
und gewinne kunde
der vil grôzen sunde
die si an ir frunde
her begangin hât.

Kaiser Heinrich VI.

17. Der Minne Freud und Leid.

Mir sint diu rîch unt diu lant undertan,
swenne ich bî der minneklichen bin;

Unde swenne ich gescheide von dan,
so ist mir al min gewalt unt min rîchtuom dahin.

Wan senden kumber den zelle ich mir danen ze habe:
sus kan ich an vröuden stîgen uf und ouch abe,
und bringe den wehsel, als ich wæne, durh ir liebe ze grabe.

Hêr Reinmâr der Alte.

18. Der Name Weib.

So wol dir, wîp, wie reine ein nam!
wie sanfte er doch z' erkennen und ze nennen ist!

Ez wart nie niht sô lobesam,
swâ duz an rehte güete kêrest, sô du bist.

Dîn lop mit rede nieman wol volenden kan;
swes du mit triuwen phligest wol, der ist ein sælik man
unt mac vil gerne leben.
du gîst all der werlte hôhen muot:
mocht och mir ein wênic fröide geben!

Der soll lesen meine Not,
Soll die Kund empfangen,
Was sie Sünde begangen
Am Freund, des Verlangen
Sie nie sich geneigt.

Kaiser Heinrich VI.

17. Der Minne Freud und Leid.

Mir sind das Reich und die Land' untertan,
Wenn ich bei der Minniglichen bin,

Doch wenn ich muß scheiden hindann,
So ist mir all meine Macht und mein Reichtum dahin.

Nur Sehnen und Kummer ist all mein Besitz, den ich hab,
So muß ich die Freuden steigen hinauf und hinab,
Nur Wechsel, so wähn ich, bringt mir ihre Liebe bis in das Grab.

Reinmar der Alte.

18. Der Name Weib.

Weib! schöner Name, herrlich Wort!
Wie sanft das zu vernehmen und zu nennen ist!

So lobesam ist nichts hinfort,
Als wie du, Weib, vereint mit rechter Güte, bist!

Dein Lob mit Worten niemand je vollenden kann,
Wen treu ein Weib mag pflegen, wohl ihm, glückselig ist der Mann:
Er mag wohl gerne leben.
Der ganzen Welt verleiht sie hohen Mut,
Wann wird ein Weib mir etwas Freude geben?

Hêr Walther von der Vogelweide.

19. Traumglück.

Dô der sumer komen was
und die bluomen durch des gras
wünneclîchen drungen,
aldâ die vogele sungen,
dô kom ich gegangen
durch einen anger langen,
dâ ein lûter brunne spranc:
vor dem walde was sîn ganc,
dâ diu nahtegale sanc.

Bî dem brunnen stuont ein boum:
da gesach ich einen troum.
ich was von der sunnen
entwichen zuo dem brunnen,
daz diu linde mære
mir küelen schaten bære.
bî dem brunnen ich gesaz,
mîner sorgen ich gar vergaz,
schiere entslief ich umbe daz.

Dô bedûhte mich zehant,
wie mir dienten elliu lant
wie mîn sêle wære
ze himel âne swære,
und wie der lîp solte
gebâren, swie er wolte.
dâne was mir niht ze wê.
got der wald es, swiez ergê!
schœner troum enwart nie mê.

Gerne slief ich iemer dâ.
wan ein unsæligiu krâ
die begunde schrîen.

Walther von der Vogelweide.

19. Traumglück.

Da der Sommer kommen war
Und die Blumen wonnebar
Durch das Gras hin sprungen
Und die Vögel sungen,
Da kam ich gegangen
Zum Anger, zu dem langen,
Wo ein klarer Quell entsprang,
Am Waldesrande ging sein Gang,
Da die Nachtigalle sang.

Auf dem Anger stand ein Baum,
Dort erschaut ich einen Traum:
Ich war zu dem Bronnen
Gegangen aus der Sonnen,
Wollt bei der lieben Linden
Den kühlen Schatten finden,
An dem Baum ich niedersaß,
Meiner Schwere ganz vergaß,
Bald entschlief ich in dem Gras.

Da bedünkte mich zuhand,
Wie mir diente jedes Land,
Wie meine Seele wäre
Im Himmel ohne Schwere,
Und wie der Leib sollte
Nun tun, was er wollte.
Da entschwand mir alles Weh,
Gott, der walt' es, wie's auch geh:
Kein schöner Träumen hatt ich je.

Hätt gern geschlafen länger hie,
Jedoch ein unglückselig Vieh,
Eine Kräh, begann zu krähen,

daz alle krâ gedîen,
als ich in des günne!
si nam mir michel wünne:
von ir schrîenn' ich erschrac.
wan daz dâ niht steines lac,
sô wær ez ir suontac.

Ein vil wunderaltez wîp
diu getrôste mir den lîp.
die begonde ich eiden:
nû hât sie mir bescheiden,
waz der troum bediute.
daz merken guote liute:
zwêne und einer, daz sint drî,
dannoch seites mir dâ bî,
daz mîn dûme ein vinger sî.

20. Frau oder Weib?

Wîp muoz iemer sîn der wîbe hôhste name,
und tiuret baz dan frouwe, als ichz erkenne.

Swâ nû deheiniu sî diu sich ir wîpheit schame,
diu merke diesen sanc und kiese denne.

Under frouwen sint unwîp,
under wîben sint si tiure.
wîbes name und wîbes lîp
die sint beide vil gehiure.
swiez umb alle frouwen var,
wîp sint alle frouwen gar.
zwîvellop daz hœnet,
als under wîlen frouwe:
wîp dêst ein name ders alle krœnet.

Möcht's allen Krähn ergehen,
Wie ich es ihnen gonne.
Sie nahm mir höchste Wonne:
Ich wurde wach von ihrem Schrei'n,
Und hätt gelegen da ein Stein,
Sollt es ihr jüngster Tag wohl sein.

Ein wunderaltes Weib da schlich,
Das hat zum Glück getröstet mich;
Ich ließ sie Eide schwören,
Die Wahrheit müßt ich hören,
Was dieser Traum bedeute.
So hört's denn, lieben Leute:
Zwei und einer, das sind drei,
Und dann sagte sie dabei,
Daß mein Daum ein Finger sei.

20. Frau oder Weib?

Weib muß ich als des Weibes schönsten Namen preisen,
Mehr als das Lobwort Frau je sagen kann.

Ist aber eine, die sich schämet, Weib zu heißen,
Die merke dieses Lied und wähle dann.

Ein Weib es nicht zum Unweib bringt,
Frauen öfters dazu kamen.
Wie geheuer uns das klingt:
Weibes Leib und Weibes Namen!
Steht eine Frau auch noch so hoch,
Ein Weib, das bleibt sie immer doch.
Paßt Lob nicht, wird's zum Hohne,
Wie oftmals das Wort Frau —
Weib ist ob allen eine Krone.

21. Frühling und Frauen.

So die bluomen ûz dem grase dringent,
same si lachen gegen der spilden sunnen,
in einem meien an dem morgen fruo,
Und die kleinen vogellîn wol singent
in ir besten wîse die si kunnen,
waz wünne mac sich dâ genôzen zuo?
Ez ist wol halb ein himelrîche.
suln wir sprechen waz sich deme gelîche,
sô sage ich waz mir dicke baz
in mînen ougen hât getân,
und tæte ouch noch, gesæhe ich daz.

Swa ein edeliu schœne frowe reine,
wol gekleidet unde wol gebunden,
dur kurzewîle zuo vil liuten gât,
Hovelîchen hôhgemuot, niht eine,
umbe sehende ein wênic under stunden,
alsam der sunne gegen den sternen stât —
Der meie bringe uns all sîn wunder,
waz ist dâ so wünneclîches under,
als ir vil minneclîcher lîp?
wir lâzen alle bluomen stân
und kapfen an daz werde wîp.

Nû wol dan, welt ir die wârheit schouwen?
gên wir zuo des meien hôhgezîte!
der ist mit aller sîner krefte komen.
Seht an in und seht an werde frouwen,
wederz dâ daz ander überstrîte;
daz bezzer spil, ob ich daz hân genomen.
Owê der mich dâ welen hieze,
deich daz eine dur daz ander lieze,
wie rehte schiere ich danne kür!
hêr Meie, ir müeset merze sîn,
ê ich mîn frowen dâ verlür!

21. Frühling und Frauen.

Wenn die Blumen aus dem Grase dringen,
Als lachten sie zum Strahlenspiel der Sonne
An einem Maienmorgen, früh am Tag,
Und wenn die kleinen Vögelein so singen
In ihrer besten Weise, das ist Wonne!
Was wohl für Wonne dem sich gleichen mag?
Wir sind da halb im Himmelreiche!
Sollen wir sagen, was sich dem vergleiche,
So künd ich, was mir wohler doch
In meinen Augen hat getan
Und wohler täte, säh ich's noch!

Wenn eine edle, schöne Fraue reine,
Im Feierkleide, um das Haupt die Binde,
Zur Kurzweil sich einmal der Menge zeigt,
Gemessen, frohgemut und nicht alleine,
Zuweilen um sich blickend, nur gelinde,
Wie zwischen Sternen auf die Sonne steigt —
Der Mai bring alle seine Wunder,
Es ist doch nichts so Wonnigliches drunter
Als ihr viel minniglicher Leib.
Wir lassen alle Blumen stehn
Und starren an das holde Weib.

Nun wohl denn: wollet ihr die Wahrheit schauen?
So gehn wir zu dem Hochzeitsfest des Maien,
Der ist mit aller seiner Fülle kommen!
Seht ihn doch an, seht an die holden Frauen,
Wer wohl den Streit gewinne von den zweien:
Ich habe mir das bessere Spiel genommen!
O weh, wenn man mich wählen hieße,
Ob dies ich oder jenes ließe,
Wie unbesinnlich ich dann kör'!
Herr Mai, ich sagte, Ihr wärt März,
Eh daß ich je mein Lieb verlör'!

22. Walther und Hiltegunde.

Hêrren unde friunt, nû helfet an der zît:
daz ist ein ende, ez ist alsô.

Ich enbiute iu mînen minneclîchen strît.
ja enwirde ich niemer rehte frô:

Mînes herzen tiefiu wunde
diu muoz iemer offen stên,
si enküsse mich mit friundes munde.
mînes herzen tiefiu wunde
diu muoz iemer offen stên,
si enheiles ûf und ûz von grunde.
mînes herzen tiefiu wunde
diu muoz iemer offen stên,
sin werde heil von Hiltegunde.

23. Tanzlied.

„Nemt, frouwe, disen kranz“:
alsô sprach ich z' einer wol getânen maget:

„Sô zieret ir den tanz
mit den schœnen bluomen, als irs ûffe traget.

Het' ich vil edele gesteine,
daz müeste ûf iuwer houbet,
obe ir mirs geloubet.
sêt mîne triuwe, daz ichz meine.“

Si nam daz ich ir bôt,
einem kinde vil gelîch daz êre hât.

Ir wangen wurden rôt,
same diu rôse, dâ si bî der liljen stât.

Do erschampten sich ir liehten ougen:
dô neic si mir vil schône.
daz wart mir ze lône:
wirt mirs iht mer, daz trage ich tougen.

22. Walther und Hildegunde.

Herren und Freunde, helft mir, es ist Zeit,
Es steht fest, es ist also:

Künden will ich euch von meinem Liebesstreit,
Ach, ich werde nimmer froh!

Meines Herzens tiefe Wunde,
Die muß immer offen stehn,
Bis sie mich küßt mit Freundesmunde.
Meines Herzens tiefe Wunde,
Die muß immer offen stehn,
Bis sie mich heil gemacht von Grunde.
Meines Herzens tiefe Wunde,
Die muß immer offen stehn,
Sie wird nur heil durch Hildegunde.

23. Tanzlied.

„Nehmt, Herrin, diesen Kranz!"
Also sprach ich zu der wohlgetanen Maid,

„Wie zieret Ihr den Tanz,
Im Haar aus diesen schönen Blumen ein Geschmeid!

Ja, wären mir viel edle Steine,
Was tät ich damit? glaubt mir,
Die setzt' ich auf das Haupt dir,
Dieweil ich's treu und stetig meine."

Sie nahm, was ich ihr bot,
Als wie ein adlig Kind, dem Ehren sind geschehn;

Ihre Wangen wurden rot,
So wie bei Lilien die roten Rosen stehn.

Die lichten Augen schlug sie nieder
Und tät mit schönem Neigen
Mir ihren Dank bezeigen;
Wird mir bald mehr, ich sag's nicht wieder.

Mir ist von ir geschehen,
daz ich disen sumer allen meiden muoz
Vast' under d'ougen sehen:
lîhte wirt mir eniu: so ist mir sorgen buoz.
Waz obe si gêt an disem tanze?
frouwe, durch iu'r güete
rucket ûf die hüete.
owê gesæhe ichs under kranze!

„Ir sît sô wol getân,
daz ich iu mîn schapel gerne geben wil,
So ichz allerbeste hân
wîzer unde rôter bluomen weiz ich vil:
Die stênt sô verre in jener heide.
dâ si schône entspringent
und die vogele singent,
dâ sule wir si brechen beide.“

Mich dûhte daz mir nie
lieber wurde, danne mir ze muote was.
Die bluomen vielen ie
von dem boume bî uns nider an daz gras.
Seht, dô muost ich von fröuden lachen.
do ich sô wünneclîche
was in troume rîche,
dô taget' ez und muose ich wachen.

24. An mein herzliebes Mägdelein.

Herzeliebez frouwelîn,
got gebe dir hiute und iemer guot.
Kunde ich baz gedenken dîn,
des hete ich willeclîchen muot.

So lieb war mir geschehn,
Daß allen Mädchen ich den ganzen Sommer lang
Muß fest ins Auge sehn,
Fänd ich vielleicht sie wieder, wär mir nicht mehr bang.
Wie? geht sie wohl in diesem Tanze?
Ihr Mädchen, habt die Güte
Und rückt einmal die Hüte,
O, säh ich sie doch unterm Kranze!

Maid, du bist so schön,
Und darum steht mein Kränzchen gern dir zu Gebot,
So bunt man eins kann sehn,
Der Blumen weiß ich viele, Blumen weiß und rot.
Sie stehn dort fern in jener Heide,
Wo sie viel schön entspringen,
Wo die Vögel singen,
Komm, laß uns dort sie brechen beide!

Mich däuchte, mir geschah
Nie etwas Lieberes im innersten Gemüte!
Vom Baume fielen da
Ins Gras zu unsern Füßen nieder Blüt um Blüte.
Wie mußt' ich da vor Freuden lachen!
Wollt wonniglich mich säumen,
Ich war so reich — in Träumen!
Denn es ward Tag, ich mußt erwachen.

24. An mein herzliebes Mägdelein.

Herzeliebes Mägdelein,
Gott geb dir Gutes allezeit!
Könnt besser ich gedenken dein,
Wie williglich wär ich bereit!

Waz sol ich dir sagen mê,
wan daz dir nieman holder ist
dan ich? dâ von ist mir vil wê.

Sie verwîzent mir daz ich
sô nidere wende mînen sanc.
Daz sie niht versinnent sich
waz liebe sî, des haben undanc!
Sie getraf diu liebe nie.
die nâch dem guote und nâch der schœne
minnent, wê wie minnent die?

Bî der schœne ist dicke haz:
zer schœne niemen sî ze gâch.
Liebe tuot dem herzen baz:
der liebe gêt diu schœne nâch.
Liebe machet schœne wîp:
desn mac diu schœne niht getuon.
sin machet niemer lieben lîp.

Ich vertrage als ich vertruoc
und als ichz iemer wil vertragen.
Dû bist schœne und hâst genuoc:
waz mugen si mir dâ von gesagen?
Swaz si sagen, ich bin dir holt,
und nim dîn glesîn vingerlîn
für einer küniginne golt.

Hâst dû triuwe und stætekeit,
sô bin ich des ân angest gar.
Daz mir iemer herzeleit
mit dînem willen widervar.
Hâst ab dû der zweier niht,
son müezest dû mîn niemer werden.
owê danne, ob daz geschiht!

Was soll ich sagen mehr,
Als daß dir niemand holder ist
Denn ich, des bin ich wund gar sehr.

An Niederes nur sei gericht
Mein Lied, so geht ihr Tadelton:
Was Liebe ist, sie fassen's nicht
Und haben keinen Dank davon.
Getroffen hat sie Liebe nie,
Die nach dem Gut und Schönheit nur
Minnen, weh, wie minnen die!

Die Schönheit ist oft hassenswert,
Geht nicht auf Schönheit aus, gemach!
Nach Liebe mehr das Herz begehrt,
Der Liebe steht die Schönheit nach.
Ein liebes Weib ist immer schön,
Die Schöne ist drum noch nicht lieb,
Macht schön denn lieb? ich kann's nicht sehn.

Ich ertrag's, wie ich's ertrug,
Und wie ich's immer will ertragen,
Mir hast an Schönheit du genug —
Was wollen sie mir weiter sagen?
Laß reden sie! ich bin dir hold:
Mir ist dein gläsern Ringelein
Gleich dem der Königin von Gold.

Hast du Treu und Stätigkeit,
So hab ich keine Angst fürwahr,
Daß mir jemals Herzeleid
Mit deinem Willen widerfahr.
Doch fehlt dir dieses beides — weh!
Dann würdest nimmermehr du mein —
O weh dann: ach, wenn das geschäh!

25. Gegenliebe.

Frouwe, nû versinne
dich ob ich dir z'ihte mære sî.

Eines friundes minne
diust niht guot, da ensî ein ander bî.

Minne entouc niht eine,
si sol sîn gemeine,
sô gemeine daz si gê
durch zwei herze und durch dekeinez mê

26. Sommersehnsucht.

Diu welt was gelf, rôt unde blâ,
grüen' in dem walde und anderswâ:
die kleinen vogele sungen dâ.
nû schrîet aber diu nebelkrâ.
pfligt si iht ander varwe? ja:
sist worden bleich und übergrâ.
des rimpfet sich vil manic brâ.

Ich sâz ûf eime grüenen lê:
da ensprungen bluomen unde klê
zwischen mir und eime sê.
der ougenweide ist dâ niht mê.
dâ wir schapel brâchen ê,
dâ lît nû rîfe und ouch der snê,
daz tuot den vogellînen wê.

Die tôren sprechent snîâ snî,
die armen liute owê owî.
der wintersorge hân ich drî:
des bin ich swære alsam ein blî.
swaz der unt der andern sî,
der wurde ich alse schiere frî,
wær uns der sumer nâhe bî.

25. Gegenliebe.

Sinne, Liebste, sinne,
Ob ich ein klein wenig lieb dir sei.

Eines Freundes Minne
Ist nicht gut, zur Minne hören zwei.

Minne taugt nicht einsam,
Sie soll sein gemeinsam,
Nur gemeinsam geh sie ein
In zwei Herzen und in die allein.

26. Sommersehnsucht.

Rot, gülden, blau die Welt man sah,
Grün Wald und alles, fern und nah,
Die kleinen Vögel sangen da:
Nun aber schreit die Nebelkrah,
Die Farben anders: was geschah?
Bleich steht die Welt und grau: ach ja!
Wohl manche Braue rümpft sich da.

Saß einst auf einer grünen Höh,
Da sproßten Blumen auf und Klee
Zwischen mir und einem See.
Jetzt gibt's nicht Augenweide meh:
Wo wir Kränze wanden eh,
Da liegt nun Reif und auch der Schnee,
Das tut den Vögelein so weh!

Nach Schnee schrein Toren spat und früh,
Die Armen schrein: ach, schnei's doch nie!
Hab Sorgen dreimal mehr als sie,
Mir ist, als ob ein Blei mich zieh.
Doch diesen Wintersorgen, wie
So schnell ich ihnen all entflieh,
Ist erst der Sommer wieder hie!

Ê danne ich lange lebte alsô,
den krebz wolt' ich ê ezzen rô.
sumer, mache uns aber frô:
dû zierest anger unde lô.
mit den bluomen spilte ich dô,
mîn herze swebte in sunnen hôh,
daz jaget der winter in ein strô.

Ich bin verlegen als Esaû:
mîn sleht hâr ist mir worden rû.
süezer sumer, wâ bist dû?
jâ sæhe ich gerner veltgebû,
ê deich lange in solher drû
beklemmet wære als ich bin nû,
ich wurde ê münch ze Toberlû.

27. Jugendlehren.

Nieman kan mit gerten
kindes zuht beherten:
den man z'êren bringen mac,
dem ist ein wort als ein slac.
Dem ist ein wort als ein slac,
den man z'êren bringen mac:
kindes zuht beherten
nieman kan mit gerten.

Hüetet iuwer zungen:
daz zimt wol den jungen.
stôz den rigel für die tür,
lâ kein bœse wort dar für.
Lâ kein bœse wort dar für,
stôz den rigel für die tür:
daz zimt wol den jungen.
hüetet iuwer zungen.

Wollt lieber Krebse essen roh,
Als daß ich länger lebte so.
Ach, Sommer, mach uns wieder froh!
Schmückst Wald und Flur mit Blumen, oh,
Da spiel ich dann, bis lichterloh
Zur Sonn hinauf mein Herze floh,
Der Winter jagt es in das Stroh.

Hatt' schlichtes Haar, doch von der Ruh
Ward ich so rauh wie Esa-u!
Süßer Sommer, wo bleibst du?
Wie gern säh ich dem Pflügen zu!
Wär lieber Mönch zu Toberlu,
Als, eingeklemmt in solche Truh,
So hinzuleben immerzu!

27. Jugendlehren.

Niemand zwingt mit Ruten
Kinder zu dem Guten.
Wen man zu Ehren bringen mag,
Dem ist ein Wort wie ein Schlag.
Dem ist ein Wort wie ein Schlag,
Wen man zu Ehren bringen mag,
Kinder zu dem Guten
Niemand zwingt mit Ruten.

Hütet eure Zungen,
Das ziemt wohl den Jungen.
Schiebt den Riegel vor die Tür,
Laßt kein böses Wort herfür.
Laßt kein böses Wort herfür,
Schiebt den Riegel vor die Tür,
Das ziemt wohl den Jungen,
Hütet eure Zungen!

Hüetet iuwer ougen
offenbâre und tougen,
lât si guote site spehen
und die bœsen übersehen.
Und die bœsen übersehen
lât si guote site spehen;
offenbâre und tougen
hüetet iuwer ougen.

Hüetet iuwer ôren,
oder ir sît tôren.
lât ir bœsiu wort dar in,
daz gunêret iu den sin.
Daz gunêret iu den sin,
lât ir bœsiu wort dar in;
oder ir sît tôren,
hüetet iuwer ôren.

Hüetet wol der drîer
leider alze frîer.
zungen ougen ôren sint
dicke schalchaft, z'êren blint.
Dicke schalchaft, z'êren blint
zungen ougen ôren sint.
leider alze frîer
hüetet wol der drîer.

28. Selbstbeherrschung.

Wer sleht den lewen? wer sleht den risen?
wer überwindet jenen und disen?
daz tuot jener der sich selber twinget
und alliu sîniu lît in huote bringet
ûz der wilde in stæter zühte habe.
geligeniu zuht und schame vor gesten
mugen wol eine wîle erglesten:
der schîn nimt drâte ûf unt abe.

Walther von der Vogelweide.

Hütet eure Augen!
Nach Sitten, die da taugen,
Laßt offen sie und heimlich spähn,
Böse Sitten übersehn.
Böse Sitten übersehn!
Laßt offen sie und heimlich spähn
Nach Sitten, die da taugen:
Hütet eure Augen!

Hütet eure Ohren,
Oder ihr seid Toren!
Laßt ihr böse Worte ein,
Das wird euch zur Unehr sein.
Das wird euch zur Unehr sein,
Laßt ihr böse Worte ein,
Oder ihr seid Toren:
Hütet eure Ohren!

Hütet wohl der dreien,
Der leider allzu freien:
Zungen, Augen, Ohren sind
Schelme oft, für Ehre blind.
Schelme oft, für Ehre blind
Zungen, Augen, Ohren sind:
Der leider allzu freien,
Hütet wohl der dreien!

28. Selbstbeherrschung.

Wer schlägt den Löwen? Wer schlägt den Riesen?
Wer überwindet jenen und diesen?
Das tut jener, der sich selber zwinget,
Und der in Hut all seine Glieder bringet,
Aus Gelüst in feste Zucht hinein.
Erborgte Zucht, Scham vor dem Gast
Mögen eine Weile geben Glast,
Bald flackert hin und her der Schein

29. Im Wahlstreit (1198).

Ich hôrte ein wazzer diezen
und sach die vische fliezen,
ich sach swaz in der werlte was,
velt walt loup rôr unde gras.
swaz kriuchet unde fliuget
und bein zer erde biuget,
daz sach ich, unde sage iu daz:
der keinez lebet âne haz.
daz wilt und daz gewürme
die strîtent starke stürme,
sam tuont die vogel under in;
wan daz si habent einen sin:
si endûhten sich ze nihte,
si schüefen starc gerihte.
si kiesent küneg' unde reht,
si setzent hêrren unde kneht.
sô wê dir, tiuschiu zunge,
wie stêt dîn ordenunge!
daz nû diu mugge ir künec hât,
und daz dîn êre alsô zergât.
bekêrâ dich, bekêre.
die cirkel sint ze hêre,
die armen künege dringent dich:
Philippe setze en weisen ûf, und heiz si
treten hinder sich.

30. Weihnachtsfest zu Magdeburg (1199).

Ez gienc, ein's tages als unser hêrre wart geborn
von einer maget dier im ze muoter hât erkorn,
ze Magdeburc der künec Philippes schône.

Da gienc ein's keisers bruoder und ein's keisers kint
in einer wât, swie doch die namen drîge sint:
er truoc des rîches zepter und die krône.

29. Im Wahlstreit (1198).

Ein Wasser hört ich brausen,
Sah Fischlein es durchsausen,
Sah, was noch sonst auf dieser Welt:
Rohr, Gras und Laub und Wald und Feld,
Was kriechet und was flieget,
Zur Erden Beine bieget,
Das sah ich all und künd euch das:
Der keines lebet ohne Haß,
Das Wild und das Gewürme,
Die streiten starke Stürme,
Die Vögel, seht ihr, streiten auch
Und haben alle einen Brauch:
Sie würden ganz zunichte,
Gäb es kein stark Gerichte,
Drum kiesen sie Könige und Recht
Und setzen Herren sich und Knecht.
Weh, Land der deutschen Zungen,
Dir fehlen die Ordnungen,
Ein Mücken-Königtum besteht,
Doch deine Ehre, sie zergeht.
Lenk um, lenk um, nicht schonen
Der stolzen Fürstenkronen!
Machtlose Könige drängen dich,
Dem Philipp setz den Waisen auf, heiß jene
treten hinter sich!

30. Weihnachtsfest zu Magdeburg (1199).

Zu Magdeburg am Tag, da unser Herr geboren
Von einer Maid, die er zur Mutter sich erkoren,
Schritt König Philipp mit des Kaisers Sohne,

Auch eines Kaisers Bruder war dabei,
Ein Mantel aber deckte alle drei:
Er trug des Reiches Zepter und die Krone.

Er trat vil lîse, im was niht gâch:
im sleich ein hôhgeborniu küneginne nâch,
rôs âne dorn, ein tûbe sunder gallen.
diu zuht was niener anderswâ:
die Düring' und die Sahsen dienten alsô dâ,
daz ez den wîsen muoste wol gevallen.

31. Rom und das Reich (1201).

Ich sach mit mînen ougen
mann' und wîbe tougen,
daz ich gehôrte und gesach
swaz iemen tet, swaz iemen sprach.
ze Rome hôrte ich liegen,
und zwêne künege triegen.
da von huop sich der meiste strît
der ê was oder iemer sît,
dô sich begunden zweien
die pfaffen unde leien.
daz was ein nôt vor aller nôt.
lîp unde sele lac dâ tôt.
die pfaffen striten sêre:
doch wart der leien mêre.
diu swert diu leiten si dernider,
und griffen zuo der stôle wider:
sie bienen die sie wolten,
und niuwet de si solten.
dô stôrte man diu goteshûs.
ich hôrte verre in einer klûs
vil michel ungebære;
dâ weinte ein klôsenære,
er klagete gote sîniu leit:
„owê der bâbest ist ze junc;
hilf, hêrre, dîner kristenheit!"

Schnell nicht, gemessen schritt er hin,
So folgt' ihm auch die hochgeborne Königin,
Ros' ohne Dorn, eine Taube sonder Gallen.
So züchtig her ging's nirgendwo:
Die Thüringer und Sachsen dienten da also,
Daß es den Weisen mußte wohl gefallen.

31. Rom und das Reich.

Ich mußte heimlich schauen
Nach Männern und nach Frauen,
Was einer tat, und was er sprach,
Dem hörte ich und sah ich nach.
Zu Rom, da hört ich lügen,
Zwei Könige betrügen,
Davon hub sich der größte Streit,
Der jemals war seit alter Zeit,
Seit man sich sah entzweien
Die Pfaffen und die Laien.
Not gab das über alle Not,
Leib und Seele lagen tot.
Die Pfaffen stritten sehre,
Doch ward der Laien mehre.
Die Schwerter legten sie dann nieder
Und griffen zu der Stola wieder:
Sie bannten, die sie wollten,
Und nicht, den sie sollten.
Zerstört ward manches Gotteshaus,
Ich hörte fern in einer Klaus'
Viel lauten Wehruf schallen;
Sah Klausners Tränen fallen.
Er klagte Gott sein Leid:
„O weh, der Papst ist allzu jung;
hilf, Herr, deiner Christenheit!"

32. Aus dem Lied der Kreuzfahrer.

Allerêrst leb ich mir werde,
sît mîn sündic ouge siht
Daz hêre lant und ouch die erde
dem man vil der êren giht.
Mirst geschehen des ich ie bat,
ich bin komen an die stat
dâ got mennischlîchen trat.

Schœniu lant rîch unde hêre,
swaz ich der noch hân gesehen,
Sô bist duz ir aller êre.
waz ist wunders hie geschehen!
Daz ein magt ein kint gebar
hêre über aller engel schar,
was daz niht ein wunder gar?

Hie liez er sich reine toufen,
daz der mensche reine sî.
Dô liez er sich hie verkoufen,
daz wir eigen wurden frî.
Anders wæren wir verlorn.
wol dir, sper kriuz' unde dorn!
wê dir, heiden! deist dir zorn.

Kristen juden und die heiden
jehent daz diz ir erbe sî:
Got müez' ez ze rehte scheiden
durch die sîne namen drî.
Al diu werlt diu strîtet her:
wir sîn an der rehten ger:
reht ist daz er uns gewer.

32. Aus dem Lied der Kreuzfahrer.

Mein Leben ist erst jetzt von Werte,
Seit mein sündig Aug erschaut
Das hehre Land und jene Erde,
Die man preiset viel und laut.
Was ich erfleht, das ist erfüllt:
Ich bin kommen ins Gefild,
Wo Gott ging in Menschenbild.

Schöne Lande, reich' und hehre,
Was ich deren je gesehn,
Dir gebühret größre Ehre:
Was sind Wunder hier geschehn!
Daß eine Maid ein Kind gebar,
Hehr über aller Engel Schar,
War das wohl nicht wunderbar?

Hier ließ sich der Reine taufen,
Daß der Mensch auch reine sei,
Hier ließ er sich dann verkaufen,
Daß wir Knechte würden frei.
Anders wären wir verlorn:
Wohl dir, Speer und Kreuz und Dorn!
Weh euch Heiden! euch trifft Zorn!

Christen, Juden und die Heiden
Wollen erben dieses Land:
Gott, der wolle das entscheiden,
Der Dreieinige genannt!
Alles kämpft um diese Flur,
Wir sind auf der rechten Spur,
Unser ist's zu rechte nur.

33. Mein Lehen.

(Dank an Kaiser Friedrich II., 1220.)

Ich hân mîn lêhen, al die werlt, ich hân mîn lêhen.
nû enfürhte ich niht den hornunc an die zêhen,
und wil alle bœse hêrren deste minre flêhen.
der edel künec, der milte künec hât mich berâten,
daz ich den sumer luft und in dem winter hitze hân.
mîn nâhgebûren dunke ich verre baz getân:
si sehent mich niht mêr an in butzen wîs alsô si tâten.
ich bin ze lange arm gewesen ân mînen danc.
ich was sô volle scheltens daz mîn âten stanc:
daz hât der künec gemachet reine, und dar zuo mînen sanc.

34. Heimkehr (1228).

Owê war sint verswunden alliu mîniu jâr!
ist mir mîn leben getroumet, oder ist ez wâr?
daz ich je wânde daz iht waere, was daz iht?
dar nâch hân ich geslâfen und enweiz es niht.

Nû bin ich erwachet, und ist mir unbekant
daz mir hie vor was kündic als mîn ander hant.
liut' unde lant, dâ ich von kinde bin erzogen,
die sind mir frömde worden reht' als ez sî gelogen.

Mich grüezet maneger trâge, der mich bekande ê wol
diu werlt ist allenthalben ungenâden vol.
die mîne gespilen wâren, die sint træge unt alt.
vereitet ist daz velt, verhouwen ist der walt:

Wan daz daz wazzer fliuzet als ez wîlent flôz.
für wâr ich wânde mîn unglücke wurde grôz,
als ich gedenke an manegen wünneclîchen tac,
die mir sint enpfallen gar als in daz mer ein slac,
Iemer mêre ouwê!

33. Mein Lehen.

(Dank an Kaiser Friedrich II., 1220.)

Ich hab mein Lehen, all die Welt, ich hab mein Lehen!
Nun fürcht ich nicht den Hornung an den Zehen
Und brauch nicht schlimme Herrn mehr anzuflehen.
Der edle König, der milde König hat mich beraten,
Daß ich im Sommer Luft und in dem Winter Hitze hab.
In meiner Nachbarn Achtung steig ich nun fortab;
Betrachten mich nicht mehr als Butzemann, wie sonst sie taten.
Bin ungeehret arm gewesen allzulang,
Ich war so voll von Schelten, daß mein Atem stank:
Der König hat das abgetan, und rein ist nun mein Sang.

34. Heimkehr (1228).

O weh, wie sind verschwunden alle meine Jahr!
Hat mir geträumt mein Leben, oder ist es wahr?
War's Schein, was ich gewähnet, daß es wirklich wär?
Darnach hab ich geschlafen, und ich weiß nichts mehr.

Nun bin ich erwachet, und ist mir unbekannt,
Was mir hievor so traut war wie meine eigne Hand.
Leut' und Land, da ich von Kind an bin erzogen,
Die sind mir fremde worden, als ob es sei gelogen.

Mich grüßet lässig mancher, dem sonst bekannt ich war,
Die Welt ist allenthalben aller Liebe bar;
Die mir Gespielen waren, die sind träg und alt,
Verbrannt das Ackerfeld, und ausgehaun der Wald,

Nur daß das Wasser fließet, wie es weiland floß.
Fürwahr, es dünket mich, mein Unglück wurde groß,
Gedenk ich an so manchen wonniglichen Tag,
Der mir ist entfallen als wie ins Meer ein Schlag —
Immer mehr o weh!

Hêr Hartman von Ouwe.

35. Vornehme Frauen.

Maniger grüezet mich alsô
(der gruoz tuot mich ze mâze frô)
„Hartman, gên wir schouwen
ritterliche frouwen.“
Mac er mich mit gemache lân
und île er zuo den frowen gân!
bî frowen triuwe ich niht vervân
wan daz ich müede vor in stân.

Ze frowen habe ich einen sin:
als sî mir sint, als bin ich in;
wand ich mac baz vertrîben
di zît mit armen wîben.
Swar ich kum, dâ ist ir vil,
dâ vinde ich die diu mich dâ wil:
diu ist ouch mînes herzen spil.
waz touc mir ein ze hôhez zil?

In mîner tôrheit mir geschach
daz ich zuo zeiner frowen sprach
„frowe, ich hân mîne sinne
gewant an iuwer minne.“
Dô wart ich twerhes an gesehen.
des wil ich, des sî iu bejehen,
mir wîp in solher mâze spehen
diu mir des niht enlânt geschehen.

Hartmann von der Aue.

35. Vornehme Frauen.

Wohl mancher grüßet mich also —
Nur mäßig macht der Gruß mich froh —:
„Komm, Hartmann, laß uns schauen
Die ritterlichen Frauen!“
Laß mich in Ruh, ich danke schön,
Eil dich, zu deinen Fraun zu gehn:
Woll nicht auf Treu bei ihnen sehn,
Kannst dich vor ihnen müde stehn.

Von Ritterfrauen denke ich:
Ich mag nicht sie und sie nicht mich.
Will meine Zeit verbringen.
Viel lieber mit geringen.
Wohin ich komm, sind deren viel,
Da find ich eine, die mich will,
Und die wird auch mein Herzgespiel,
Was taugt mir ein zu hohes Ziel?

In meiner Dummheit mir's geschah,
Ich sprach zu einer Edlen da:
„Ach, Frau, hab meine Sinne
Gewandt an Eure Minne!“
Da sah sie an mich ganz verquert,
Und darum seid von mir belehrt:
Ein solches Weib halt ich nur wert,
Von der mir das nicht widerfährt.

Hêr Nîthart von Riuwental.

36. Wintertanz in der Bauernstube.

Kint, bereitet iuch der sliten ûf daz îs.
ja ist der leide winder kalt:
der hât uns der wünneclîchen bluomen vil benomen.
Manger grüenen linden stênt ir tolden grîs.
unbesungen ist der walt,
daz ist allez von des rîfen ungenâden komen.
Mugt ir schouwen wie er hât die heide erzogen?
diust von sînen schulden val.
dar zuo sint die nahtigal
alle ir wec gevlogen.

Wol bedörfte ich mîner wîsen vriunde rât
umbe ein dinc, als ich iu sage,
daz sî rieten wâ diu kint ir vreuden solden phlegen.
Megenwart der wîten stuben eine hât:
obez iu allen wol behage,
dar sul wir den gofenanz des vîretages legen.
Ez ist sîner tohter wille, kom wir dar.
ir sultz alle ein ander sagen.
einen tanz al umbe den schragen
den brüevet Engelmâr.

Wer nâch Künegunde gê, des wert enein.
der was ie nâch tanze wê;
ez wirt uns verwizzen, ist daz man ir niht enseit.
Gîsel, ginc nâch Jiuten hin und sage in zwein,
sprich daz Elle mit in gê.
ez ist zwischen mir und in ein starkiu sicherheit.
Kint, vergiz durch niemen Hadewîgen dâ:
bit sî balde mit in gân.
einen site sî sulen lân,
daz binden ûf die brâ.

Neidhart von Reuental.

36. Wintertanz in der Bauernstube.

Kinder, macht die Schlitten euch zurecht fürs Eis!
Der leide Winter ist so kalt!
Der so viel der wonniglichen Blumen weg uns nahm;
Mancher grünen Linde steht ihr Wipfel greis;
Unbesungen steht der Wald.
Von des Reifes Ungenade alles dieses kam.
Wollt ihr schauen, wie er sich die Heide zog?
Er ist schuld, daß sie so fahl,
Und daß auch die Nachtigall
Längst von dannen flog.

Wohl bedürft' ich meiner weisen Freunde Rat;
Eines Dinges wegen, wißt,
Daß sie rieten: wo wir jungen machen einen Tanz.
Megenwart die allergrößte Stube hat:
Ob's wohl nach aller Sinne ist,
Daß wir dort am Feiertag halten Gofenanz?
Seine Tochter möcht es gerne: nun, fürwahr,
Kommt, wir sagen's allen frisch,
Und das Tänzlein um den Tisch
Führet Engelmar.

Wer zu Kunigunde geh, des kommet überein,
Die war auf Tanzen stets erpicht.
Sie nähm's gewiß uns übel, ließ man sie zurück.
Gisel, geh zur Jüte hin und sag's den zwein,
Laß auch daheim die Elle nicht!
Denn zwischen mir und ihnen ist die Freundschaft dick.
Kind, vergiß bei leibe mir Hadewig auch nicht,
Daß sie munter mit dir geht,
Nur eines euch nicht untersteht:
Den Hut nicht ins Gesicht!

Eppe der zuht Geppen Gumpen ab der hant:
des half im sîn drischelstap:
doch geschiet ez mit der riutel meister Adelber.

Daz was allez umbe ein ei daz Ruopreht vant
(jâ wæn imz der tievel gap:)
dâ mit drôte er im ze werfen allez jenenther.

Eppe der was beidiu zornic unde kal:
übellîchen sprach er „tratz“
Ruopreht warf imz an den glatz,
daz es ran ze tal.

37. Maientanz.

Der walt stuont aller grîse
vor snê und ouch vor îse,
derst in liehter varwe gar.
nemt sîn war,
stolziu kint,
und reiet dâ die bluomen sint.

Uf manegem grüenen rîse
hôrte ich süeze wîse
singen kleiniu vogelîn.
bluomen schîn
ich da vant.
heide hât ir lieht gewant.

Ich bin holt dem meien.
dar inne sach ich reien
mîn liep in der linden schat.
manic blat
ir dâ wac
für den sunnenheizen tac.

Der Eppe riß die Geppe da dem Gumpen aus der Hand.
Ihm half dabei sein Flegelstab,
Doch mit dem Pflugstab tat man so dem Meister Adelber.
All das kam von einem Ei, das Ruprecht fand,
Das glaub ich ihm der Teufel gab:
Stets drohte er zu werfen ihn damit von drüben her.
Expe der war beides, zornig und auch kahl.
Böse sprach er: Tu's, du Fratz!
Ruprecht warf's ihm an die Glatz,
Daß es rann zu Tal.

37. Maientanz.

Der ganze Wald stand greise
Vor Schnee und auch vor Eise,
Und jetzt in lichter Farbe gar.
Nimm das wahr,
Stolzes Kind:
Zum Reigen, wo die Blumen sind!

Auf manchem grünen Reise
Hört' ich süße Weise
Singen kleine Vögelein,
Blumenschein
Ich da fand:
Die Heide hat ihr licht Gewand!

Ich bin hold dem Maien,
Weil da gestellt zum Reihen
Mein Lieb sich unter die Linde hat:
Manches Blatt
Schatten beut
Für die sonnenheiße Zeit.

In Neidharts Art.

38. Der schöne Kunzel.

„Nu pfifet uf, her spileman,
daz iu got iemer lone!
Ir lebt in hoffenlichem wan:
ein schüzzel voller bone
Sol iu wesen unverseit
swa man guot durch ere git,
da bin ich unverzeit.“
Mezzel, wie gevalle ich dir?
uf din triuw, daz sag du mir!

Da pfeif er uf dem holre rant,
dez wart im wol ze muote
Er nam vrou Juten bi der hant,
frou Elsen unde Truten,
den isenbühel er uf sich bant;
zwene blechhantschuohe
streich er an sin hant.
Mezzel, wie gevalle ich dir?
uf din triuw, daz sag du mir!

Die sporen strikt er umb den vuoz,
die hingen voller schellen.
Er bot vroun Adelheit sinen gruoz,
hern Swinhilt und hern Kellen.
Do traten si den hoppaldei.
si sprach: „lieber Chuenzel,
min sorg ist ganz en zwei.“
Mezzel, wie gevalle ich dir?
uf din triuw, daz sag du mir!

In Neidharts Art.

38. Der schöne Kunzel.

„Nun pfeifet auf, Herr Spielmann Ihr,
Gott soll Euch immer lohnen!
Ihr hofft gewiß auch Lohn von mir:
Eine Schüssel voller Bohnen,
Das versprech ich, steht Euch frei,
Denn wo man Gutes je verehrt,
Da bin ich stets dabei."
Metzel, wie gefall ich dir?
Auf dein Treu, das sag du mir!

Er pfiff auf dem Holunderrand,
Da ward ihm wohl zu mute,
Er nahm Frau Juten bei der Hand,
Frau Elsen und die Trude.
Aufs Haupt den Eisenbügel band,
Zwei Handschuhe aus Blech gemacht,
Die streift er an die Hand.
Metzel, wie gefall ich dir?
Auf dein Treu, das sag du mir!

Die Sporen schnallt er an den Fuß,
Die hingen voller Schellen;
Frau Adelheid bot er den Gruß,
Herrn Schweinhilt und Herrn Kellen.
Da traten sie den Hoppeldei,
Sie sprach: „Lieber Kunzel,
Mein Sorg ist jetzt entzwei!"
Metzel, wie gefall ich dir?
Auf dein Treu, das sag du mir!

Sin har, daz ist geringelot,
des nahtes wol gesnueret.
Sin vueze lident groze not,
swenne er den reien vueret
mit mangem wæhen zippeltrite:
durch die schœnen Mazzen
pfligt er niuwer site.
Mezzel, wie gevalle ich dir?
uf din triuw, daz sag du mir!

Sin huben nestel, diu sint lank,
zwo muscat dran gebunden,
Die habent alze witen swank,
da mite sleht er wunden
den schœnen meiden an dem tanz
mit dem ufhüpfen,
derselbe gumelanz
Mezzel, wie gevalle ich dir?
uf din triuw, daz sag du mir!

Ich kam gegangen an ein stat,
da Mazze und Jiutel sazen;
Hinder den zun ich getrat,
vil dinges sie sich mazen.
Jiutel sprach: „sage mir,
was sizzestu hie, Mazze?“
diu sprach: „daz sag ich dir.“
Mezzel, wie gevalle ich dir?
uf din triuw, daz sag du mir!

„Die muscat, die der Chuenzel treit
an siner huben snueren,
Die habent mir gepruevet leit,
wan si so wite rüeren,
Umb sinen kragen al umb en twer:
ja sint es kiselinge,
daz sagt mir Isenber.“
Mezzel, wie gevalle ich dir?
uf din triuw, daz sag du mir!

Sein Haar, das ist geringelt fein,
Die ganze Nacht geschnüret,
Die Füße leiden große Pein,
Wenn er den Reigen führet
Mit manchem schönen Trippeltritt,
Um die schöne Matze
Macht er die Mode mit.
Metzel, wie gefall ich dir?
Auf dein Treu, das sag du mir!

Am Helm die Nesteln die sind lang,
Mit Muskatnuß gebunden,
Und wenn sie fliegen weit im Schwang,
Dann schlägt er damit Wunden
Den schönen Mädchen bei dem Tanz
Bei jedem Aufhüpfen
Derselbe Gumelanz.
Metzel, wie gefall ich dir?
Auf dein Treu, das sag du mir!

Kam unversehens an den Fleck,
Wo Jütel saß bei Matzen,
Am Zaune fand ich ein Versteck,
Da hört ich sie viel schwatzen.
Die Jütel sprach: „O, sage mir,
Was sitzest du hier, Matze?"
Die sprach: „Das sag ich dir."
Metzel, wie gefall ich dir?
Auf dein Treu, das sag du mir!

„Der Kunzel trägt ein Helmgeschnür,
Verzieret mit Muskaten,
Die schufen Ach und Wehe mir,
Wenn sie so schwingen taten
Um seinen Hals die kreuz und quer,
Gewiß sind's Kieselsteine,
So sagt mir Isenber."
Metzel, wie gefall ich dir?
Auf dein Treu, das sag du mir!

Marcgrâve Otte von Brandenburg mit dem pfîle.

39. Hohe Minne.

Rûmt den wec der mînen lieben frouwen
und lânt mich ir vil reinen lîp an sehen.

Den möht ein keiser wol mit êren schouwen,
des hœre ich ir die meiste menge jehen.

Des muoz mîn herze in hôhen lüften stîgen,
ir lob ir êre wil ich niht verswîgen:
swâ si wont, dem lande muoz ich nîgen.

Frouwe Minne, wis mîn bote alleine,
sage der lieben diech von herzen minne.

Si ist die ich mit ganzen triuwen meine,
swie sie mir benimt sô gar die sinne.

Si mac mir wol hôhe fröide machen.
wil ir rôter munt mir lieplich lachen,
seht, sô muoz mir allez trûren swachen.

Ich bin verwunt von zweier hande leide,
merkent obe daz fröide mir vertrîbe:

Ez valwent liehte bluomen ûf der heide,
sô lîde ich nôt von einem reinen wîbe.

Diu mac mich wol heilen unde krenken:
wolde ab sich diu liebe baz bedenken,
sô weiz ich mir müeste sorge entwenken.

Markgraf Otto von Brandenburg mit dem Pfeil.

39. Hohe Minne.

Macht freie Bahn vor meiner lieben Frauen,
Und laßt mich die Gestalt, die anmutsvolle, sehen;

Ein Kaiser möchte die mit Ehren schauen,
Das hör ich allesamt auch zugestehen.

Drum muß mein Herz in alle Lüfte steigen,
Ich kann von ihrem Lob und Ruhm nicht schweigen,
Und wo sie wohnt, dem Land muß ich mich neigen.

Frau Minne, sei mein Bote, du alleine,
Sag du der Liebsten, die ich herzlich minne,

Daß sie es ist, die ich in Treuen meine,
Daß sie gefangen hält all meine Sinne,

Und daß sie mir kann hohe Freude machen;
Will mir ihr roter Mund nur lieblich lachen,
Wird sie aus Trauern Freude mir entfachen.

Ich bin verwundet von zwiefachem Leide,
Begreift, das dies die Freude mir vertreibe:

Wie lichte Blumen welken auf der Heide,
So leid ich Not von einem reinen Weibe:

Macht sie mich wund, so kann sie mich auch heilen,
Bedenke dich, du Liebe, ohn Verweilen,
Auf daß die Sorgen sicher mir enteilen.

Ulrich von Lichtenstein.

40. Liebe und Minne.

Stætiu liebe heizet minne.
liebe, minne, ist al ein:
Die kan ich in mînem sinne
niht gemachen wol zuo zwein.
Liebe muoz mir minne sîn
immer in dem herzen mîn.

Swâ ein stætez herze vindet
stæte liebe, stæten muot,
Dâ von al sîn trûren swindet.
stætiu liebe ist alsô guot
Daz sie stæte freude gît
stætem herzen alle zît.

Möhte ich stæte liebe vinden,
der wold ich sô stæte sîn
Daz ich dâ mit überwinden
wolde gar die sorge mîn.
Stæter liebe wil ich gern
unde unstæte gar verbern,

Der Tanhûser.

41. Schwere Aufgaben.

Mîn frowe diu wil lônen mir
der ich sô vil gedienet hân.
des sult ir alle danken ir:
si hât sô wol ze mir getân.
Si wil daz ich ir wende den Rîn
daz er für Kobelenze iht gê:

Ulrich von Lichtenstein.

40. Liebe und Minne.

Treue Liebe nennt man Minne,
Lieb und Minne sind nur eins,
Und ich kann in meinem Sinne
Ihrer unterscheiden keins.
Mir muß Liebe Minne sein
Immer in dem Herzen mein.

Wenn ein treues Herze findet
Treue Liebe, treuen Mut,
Davon all sein Trauern schwindet,
Treue Lieb ist also gut,
Daß sie treue Freude beut
Treuen Herzen allezeit.

Möcht ich treue Liebe finden,
Wollt auch ich so treue sein,
Daß ich damit überwinden
Wollte all die Sorgen mein.
Treue Liebe hab ich gern,
Doch untreue sei mir fern!

Der Tannhäuser.

41. Schwere Aufgaben.

Die Herrin will jetzt lohnen mir
Für meinen Dienst so lang und gut,
Des sollt ihr alle danken ihr,
Daß sie an mir so Liebes tut:
Ablenken soll ich ihr den Rhein,
Daß er vor Koblenz nicht mehr geh,

sô wil si tuon den willen mîn.
mag ich ir bringen von dem sê
  Des grienes dâ diu sunne gêt
  ze reste, sô wil si mich wern.
  ein sterne dâ bî nâhe stêt,
  des wil si von mir niht enbern.
  ich hân den muot,
  swaz si mir tuot,
  daz sol mich allez dunken guot.
  si hât sich wol an mir behuot diu reine:
  sunder got alleine,
  sô weiz die frowen nieman diech dâ meine.

Ich muoz dem mânen sînen schîn
benemen, sol ich si behaben:
sô lônet mir diu frowe mîn,
mag ich die werlt al umbegraben.
Meht ich gefliegen als ein star,
sô tæt diu liebe des ich ger,
und hôhe sweiben als ein ar
und ich ze mâle tûsent sper
  Vertæte als mîn her Gamuret
  vor Kamvoleis mit rîcher jost,
  sô tæt diu frouwe mîne bet:
  sus muoz ich haben hôhe kost.
  ich hân den muot,
  swaz si mir tuot,
  daz sol mich allez dunken guot.
  si hât sich wol an mir behuot diu reine:
  sunder got alleine
  sô weiz die frowen nieman diech dâ meine.

Si giht, müg ich der Elbe ir fluz
benemen, sô tuo si mir wol,
dar zuo der Tuonowe iren duz:
ir herze ist ganzer tugende vol.

Dann will sie tun den Willen mein.
Ich soll ihr bringen von der See
  Des Sandes, wo die Sonne geht
  Zu Rast, dann will sie Lieb gewähren,
  Den Abendstern, der dabei steht,
  Den soll ich ihr dazu bescheren.
  Mir ist zu mut:
  Was sie mir tut,
  Das find ich alles schön und gut.
  Ich halte sie in treuer Hut, die Reine:
  Außer Gott alleine
  Die Dame nenn ich keinem, die ich meine.

Dem Monde soll ich seinen Schein
Entreißen, dann soll ich sie haben,
Dann lohnet mir die Herrin mein,
Wenn ich die ganze Welt umgraben.
Soll fliegen können wie ein Star,
Dann tut die Liebste mein Begehr,
Hoch soll ich schweben wie ein Aar
Und soll auf einmal tausend Speer
  Verschießen, wie Herr Gamuret
  Vor Kamvoleis im Waffenspiel,
  Dann tät sie das, worum ich bät:
  Fürwahr, das alles kostet viel;
  Mir ist zu mut:
  Was sie mir tut,
  Das find ich alles schön und gut.
  Ich halte sie in treuer Hut, die Reine:
  Außer Gott alleine
  Die Dame nenn ich keinem, die ich meine.

Mach ich, daß nimmer talwärts saust
Die Elbe, dann tu sie mir wohl,
Und daß die Donau nicht mehr braust:
Ihr Herz ist aller Tugend voll!

Den salamander muoz ich ir
gebringen ûz dem fiure her,
sô wil diu liebe lônen mir
und tuot ze mir des ich dâ ger.
Mag ich den regen und den snê
erwenden, des hœr ich si jehen,
dar zuo den sumer und den klê,
sô mac mir liep von ir geschehen.
ich hân den muot,
swaz si mir tuot,
daz sol mich allez dunken guot.
si hât sich wol an mir behuot diu reine:
sunder got alleine,
sô weiz die frowen nieman diech dâ meine.

Meister Heinrich von Meißen (Frowenlop).

42. Lob der Frau.

So stan ich hie vor werden vrouwen reine,
ich lob' die zarten vrouwen schon'
die ich mit triuwe meine,
sie tragen wol der êren kron.
wo wart uf erd ir hôhez lop gemezzen?
unt sol ich dan von zarten vrouwen singen,
so mugt ir hœren, ob ich'z kan; —
Got wel, daz mir gelinge!
ich wolt, es lebt' uf erd' kein man,
der sich gen einer vrouwen het' vergezzen.
ich lob die vrouwen fruo und spat,
ir lop daz wil ich iemer meren,
ein man, der vrouwen huld niht hab,
und der mich wolt von vrouwen lob ab kêren,
den wolt ich vür baz mit gesank hie lezzen,
ich lob die werden vrouwen zart,
si künnen uns wol alles leids ergezzen.

Den Salamander muß ich ihr
Bringen aus dem Feuer her,
Dann will die Liebste lohnen mir
Und mir erfüllen mein Begehr.
Mag ich dem Regen und dem Schnee
Gebieten, dann soll es geschehen,
Dazu dem Sommer und dem Klee,
Dann will sie alles zugestehen.
Mir ist zu mut:
Was sie mir tut,
Das find ich alles schön und gut.
Ich halte sie in treuer Hut, die Reine:
Außer Gott alleine
Die Dame nenn ich keinem, die ich meine.

Meister Heinrich von Meißen (Frauenlob).

42. Lob der Frau.

So steh ich hier vor werten Frauen reine,
Die zarten Frauen lob ich schön,
Die ich mit Treuen meine,
Die ich mit hohen Ehren krön.
Nie läßt ihr Lob auf Erden sich ermessen,
Und soll ich denn von zarten Frauen singen,
So höret mich, ob ich das kann;
Gott lasse mir's gelingen!
O, gäb's auf Erden keinen Mann,
Der gegen eine Frau sich hätt vergessen!
Ich lob die Frauen früh und spat,
Ihr Loben will ich niemals enden,
Und wer der Frauen Huld nicht hat
Und will auch mich von Frauenlob abwenden,
Den mag mein Sang belehren denn und letzen,
Ich lob die werten Frauen zart,
Sie wandeln alles Leid uns in Ergetzen.

43. Frîdanks Bescheidenheit.

1.

Gote dienen âne wanc
deist aller wîsheit anevanc.

2.

Swer die sêle wil bewarn,
der muoz sich selben lâzen varn.

3.

Sô wazzer hin ze berge gât,
sô mac des sünders werden rât.
ich mein, soz fliuzet tougen
vom herzen zuo den ougen;
diz wazzer hât vil lîsen fluz,
und hœrt got durch der himel duz.

4.

Nieman doch gevelschen mac
gotes wort und liehten tac.

5.

Man lobt nâch tôde manegen man,
der lop zer werlde nie gewan.

6.

Swer verdient der tôren haz,
der gevelt den wîsen deste baz.

7.

Swer tôren welle stillen,
der rede nâch ir willen.

8.

Wir gevallen alle uns selben wol,
des ist daz lant der tôren vol.

9.

Swer wænet, daz er wîse sî,
dem wont ein tôre nâhe bî.

10.

Swie dicke ein tôre in spiegel siht,
er kennet doch sîn selbes niht.

11.

Maneger wænt erkennen mich,
der selbe nie erkande sich.

12.

Der tôre sêre minnet,
swaz er mit nôt gewinnet,
und swaz er sanfte möhte hân,
daz lât er lîhte hine gân.

13.

Swer niht wol gereden kan,
der swîge und sî ein wîse man.

14.

Kumt ein ohse in fremediu lant,
er wirt doch für ein rint erkant.

15.

Sich badet diu krâ in allem flîz,
und wirt durh daz doch niemer wîz.

16.

Ez dunket manegen tumben man
diu kunst diu beste, die er kan.

17.

Ich schilte daz an manegem man,
deich selbe niht vermîden kan.

18.

Hochvârt twinget kurzen man,
daz er muoz ûf den zêhen gân.

19.

Zer werlde mac niht bezzers sîn
dan ein wort, daz heizet mîn.

20.

Vil manic schœniu bluome stât,
diu doch vil bitter wurzel hât.

21.

Maneger lobt ein fremedez swert,
het erz dâ heime, ez wære unwert.

22.

Diu milte niht von herzen gât,
swer nach gâbe riuwe hât.

23.

Dem kargen herzeleit geschiht,
so er geben muoz oder geben siht:
sî ist des milten herzeleit,
swenne er ieman iht verseit.

24.

Manc man grôze arebeit
unbetwungen sanfte treit,
diu in diuhte swære,
ob ers betwungen wære.

25.

Gewisse friunt, versuochtiu swert,
die sint ze nœten goldes wert.

26.

Swer herzeleit muoz eine tragen,
der mac wol von nœten sagen.

27.

Nieman alsô rêhte tuot,
daz ez alle liute dunke guot.

28.

Swer übel wider übel tuot,
daz ist menneschlîcher muot;
swer guot wider übel tuot,

daz ist gotelîcher muot;
swer übel wider guot tuot,
daz ist tiuvelîcher muot.

29.

Ich missevalle manegem man,
der mir ouch niht gevallen kan.

30.

Swie man ze walde rüefet,
daz selbe er wider güefet:
ein minne d' andern suochet,
ein fluoch dem andern fluochet.

31.

Ich hôrte ie süezer rede genuoc,
diu eiter in dem zagel truoc.

32.

Daz wirste lit, daz iemen treit,
daz ist diu zunge, sô man seit.

33.

Swer zwêne wege welle gân,
der muoz lange schenkel hân.

34.

Mich dûhte vert vil manegez guot,
daz hiure beswæret mînen muot.

35.

Sus sprechent die dâ sint begraben
beide zen alten und zen knaben:
„daz ir dâ sît, daz wâren wir,
daz wir nû sîn, daz werdet ir!“

36.

Hiute liep, morne leit,
deist der werlde unstætekeit.

---

44. Priameln (15. Jahrhundert).

1.

Die minne überwindet alle ding.
„Du liugest“, sprach der pfening.

2.

Wer baden wil ainen rappen weiss,
und daran legt sein ganzen fleiss,
und an der sunnen schne will derren,
und wint wil in ain kisten sperren,
und ungelück wil tragen fail,
und alle wasser wil binden an ain sail,
und ainen kalen wil bescheren,
der tut, das da unnütz ist, gern.

3.

Wer ain bock zu aim gertner setzt
und schaf und genß an wolf hetzt
und sein zen sturt mit einem scheit
und hunden bratwürst zu behalten geit
und gute kost salzt mit eschen
und sein gelt legt in locherit deschen
und in ain reusen geußt wein,
der dunkt mich nit wol witzig sein.

4.

Wer holtz uf musserin tischen hawet
und erbis an die stegen strawet
und omeis trug in ain bed
und newe sat ernider dret
und bin tragt in ein bad
und dorn straiwet uf ein engen pfad
und drinckvaß mit nußschaln schwanckt,
der arbeit, das ims niemand danckt.

5.

Wer kissling sæget
und stupflon mæget
und in dem sack kôffet
und sich mit tôren rôffet,
daz sint vier ding
die tôrlich sint.

---

45. Das (jüngere) Hildebrandslied.

„Ich will zu land usriten,“
sprach sich meister Hiltebrant,
„der mich die weg wise
gen Bern wol in die lant.
die sint mir unkunt gewesen
vil mengen lieben tag,
in zwei und drissig jaren
fraw Uten ich nie gesach.“

„Wiltu zu land usriten,“
sprach sich herzog Abelon
„was begegnet dir uf der heide?
ein schneller degen jung.
was begegnet dir uf der marke?
din sun her Alebrant.
ja rittestu selbzwelfte,
von im wurdest angerant.“

„Ja rennet er mich ane
in sinem übermut,
ich zerhowe im sinen grünen schilt,
es tut im nimmer gut,
ich zerhow im sin brinne
mit einem schirmesschlag
und das er siner muter
ein ganz jar zu klagen hat.“

„Das ensoltu nicht tun,“
sprach sich von Bern her Dieterich
„wan der jung her Alebrant
ist mir von herzen lieb.
du solt im fruntlich zusprechen
wol durch den willen min,
das er dich lass riten,
als lieb ich im mög sin.“

Do er zum rosengarten usreit
wol in des Berners marke,
do kam er in gross arbeit
von einem helden starke;
von einem helden junge
da wart er angerant
„nun sag an, du vil alter,
was suchst du in dinem lant?

Du fürest din harnesch luter und clar
recht wie du sist eins küniges kint,
du wilt mich jungen helden
mit gesehenden ougen machen blint.
du soltest da heimen bliben
und haben gut husgemach
ob einer heissen glute.“
der alte lachet und sprach:

„Solt ich da heimen bliben
und haben gut husgemach?
mir ist bi allen minen tagen
zu reisen ufgesatzt,
zu reisen und zu fechten
bis uf min hinefart.
das sag ich dir, vil junger,
darumb grawet mir min bart.“

„Din bart wil ich dir usroufen,
das sag ich dir, vil alter man,
das dir das rosenfarbe blut

über die wangen muss abgan.
din harnesch und din grünen schilt
den must du mir hie ufgeben,
dar zu bis min gefangner,
wilt du behalten din leben."

„Min harnesch und min grüner schilt
die hant mich dick ernert,
ich truwe wol Crist von himel,
ich wolle mich din erweren."
sie liessen von den worten,
sie zugen zwei scharfe schwert.
was die zwen helden begerten,
des wurden sie gewert.

Ich weiss nicht wie der junge
dem alten gab ein schlag,
das sich der alte Hiltebrant
von herzen ser erschrack.
er sprang hinder sich zu rücke
wol siben clafter wit
„nun sag, du vil junger,
den streich lert dich ein wib."

„Solt ich von wiben lernen,
das wer mir immer ein schand.
ich han vil ritter und knechte
in mines vaters land,
ich han vil ritter und grafen
an mines vaters hof;
und was ich nicht gelernet han,
das lern ich aber noch."

Er erwischet in bi der mitte
da er am schwechsten was,
er schwang in hinder sich zu rücke
wol in das grüne gras.
„nun sag du mir, vil junger,

din bichtvater wil ich wesen,
bistu ein junger Wölfinger,
von mir magst du wol genesen.

Der sich an alte kessel ribet,
der enpfahet gern ram.
als geschicht dir, vil junger,
wol von mir alten man.
din bicht soltu hie ufgeben
uf dieser heiden grün,
das sag ich dir vil eben,
du junger helde kün."

„Du sagst mir vil von wolfen
die loufen in dem holz:
ich bin ein edler degen
us kriechenlanden stolz,
min muter heist fraw Ute,
ein gewaltige herzogin,
so ist Hiltebrant der alte
der liebste vater min."

„Heist din muter fraw Ute,
ein gewaltige herzogin,
so bin ich Hiltebrant der alte
der liebste vater din."
er schloss im uf sin guldin helm,
er kust in an sinen munt
„nun muss es got gelobet sin,
wir sin noch beid gesunt."

„Ach vater, liebster vater min,
die wunden die ich dir han geschlagen,
die wolt ich dristunt lieber
in minem houpte tragen."
„nun schwig, lieber sun,
der wunden wirt gut rat,
sid das uns got al beide
zusamen gefüget hat."

Das weret von der none
bis zu der vesperzit,
bis das der jung her Alebrant
gen Bern inne reit.
was furt er uf sinem helme?
von gold ein krenzelin.
was furt er an siner siten?
den liebsten vater sin.

Er furt in in siner muter hus,
er satzt in oben an den tisch.
das ducht sin muter
gar unbillich.
„ach sun, min liebster sun,
ist dir der eren nicht zu vil,
das du ein gefangen man
setzest oben an den tisch?“

„Nun schwigent, liebste muter,
und land euch sagen,
er het mich uf der heide
gar nach erschlagen.
und hörent, liebste muter,
kein gefangner sol er nicht sin,
es ist Hiltebrant der alte
der liebste vater min.

Ach muter, liebe muter,
nun beut im zucht und er!“
do hub sie auf und schenket
und trug ims selber her.
was het er in seinem munde?
von gold ain fingerlein,
das liess er inn becher sinken
der liebsten frawen sein.

Reinke de Vos.

46. Reineke und Braun der Bär.

Dô dê âvent was gekomen
unde Reinke dat hadde vornomen,
dat Rustevîl, dê vorgesechte bûr,
tô bedde was in sînem schûr —

Rustevîl was van grôteme love
ein timmerman unde hadde in sînem hove
liggende eine êke, dê hê wolde klôven,
unde hadde dâr in geslagen boven
twei grôte kîle, dê wêren sêr glat;
Reinke dê vos merkede dat;
dat sulve holt was an einer sît
up geklôvet einer elen wît. —

Hê sprak: „hôret mî, Brûn ôm!
recht hîr in dessem sulven bôm
is honniges mêr wan gî lœvet.
steket dâr in wol dêpe jûwe hœvet.
nemet nicht tô vele, dat is mîn rât;
jû mochte dâr anders af komen quât
in jûweme lîve; sît des bericht.“
Brûn sprak: „Reinke, sorget nicht.
mêne gî, dat ik sî unvrôt?
mâte is tô allen dingen gût.“

Alsus lêt sik dê bare bedôren
unde stak dat hœvet in over dê ôren
unde ôk dê vordersten vôten mede.
Reinke dô grôt arbeit dede;
hê brak ût dê kîle mit der hast, —
Dâr lach dê bare gevangen vast
mit hôvet unde vôten in der êken;
em halp wêr schelden edder smêken.
hê plach tô wesen kône unde stark,
men hîr hadde hê sîn vulle werk.

Reineke Fuchs.

46. Reineke und Braun der Bär.

Da der Abend war gekommen,
Hatte Reinke es vernommen,
Daß Bauer Rusteveil zu Bette
In die Scheune sich begeben hätte:

Ein Zimmermann von gutem Schlag
War Rusteveil. Im Hofe lag
Ein Eichenbaum, den wollt er spalten,
Drum ward er auseinander gehalten
Von zwei großen, glatten Keilen.
Reinke hatte bemerkt derweilen,
Daß der Eichbaum an einer Seite
Klaffte wohl einer Ellen Weite.

Da sprach er: „Vernehmt, mein Oheim Braun,
In diesem Eichbaum ist zu schaun
Honiges mehr, als Ihr glaubt,
Steckt nur recht tief hinein das Haupt.
Nehmt nicht zu viel, das rat ich recht,
Sonst möchte es Euch werden schlecht
In Eurem Leib, nehmt Euch in acht!"
Braun sprach: „Keine Sorg Euch macht:
Meint Ihr, ich hielt mich nicht in Hut?
Maß ist zu allen Dingen gut!"

So betörte er Braun, den armen Tropf;
Bis über die Ohren steckt er den Kopf
Mit den Vorderpfoten ins Loch hinein.
Reinkens Arbeit war nicht klein,
Die Keile riß er heraus mit Kraft,
Da lag der Bär in Gefangenschaft.
In der Eiche steckten ihm Haupt und Füße.
Kein Schelten, kein Schmeicheln noch so süße
Half ihm, und all sein Mut und Stärke
Reichten nicht aus zu diesem Werke.

Sus brachte dê neve sînen ôm
mit losheit gevangen in den bôm.
hê begunde tô hûlen unde tô brâschen.
mit den echtersten vôten tô krâschen
unde makede alsô grôten lût,
dat Rustevîl mit der hast quam ût:
hê dachte, wat dar wesen mochte;
o jâ, ein scharp bîl hê mit sik brochte;
up eventûr, efte des wêre nôt.
Brûn lach dô in anxte grôt;
dê klôve, dâr hê in lach, ene knêp,
hê brak sik unde tôch, dat hê pêp;
men dat was pîn umme nicht gedân.
hê vormôde sik nummer van dâr tô gân.
Dat mênde ôk Reinke, unde sach Rustevîle
van vêrne komen mit deme bîle.

Hê rêp to Brûne: „wô steit it nû?
etet nicht tô vele, dat râde ick jû,
des honniges; segget mi, isset ôk gût?
ik sê, dat Rustevîl kumpt hîr ût,
villichte wil hê jû bedenken
unde wil jû up dê mâltît schenken.“
dîr mede gink Reinke wedder nâ hûs,
nâ sîneme slote, tô Malepertûs.

So war der Neffe zu Werk gegangen,
Den Ohm mit Tücken im Baum zu fangen.
Der begann zu heulen, zu toben, zu kratzen
Mit den beiden freien Hintertatzen.
Das alles schallte so laut in der Nacht,
Daß der Bauer Rusteveil erwacht,
Kam eilends herbei, und weil er dachte,
Es wäre was los, ein scharf Beil er brachte,
Das schien ihm nötig zum Abenteuer.
Braun lag in Ängsten ungeheuer;
Der Kloben, darin er lag, ihn zwackte,
Er riß und zog, daß es pfiff und knackte.
Doch all seine Pein vergeblich war,
Er vermutet, er blieb hier auf immerdar.
Das dacht auch Reinke, als Rusteveil
Er ferne sah kommen mit dem Beil.

„Wie gehts denn?" rief er dem Oheim zu,
„Eßt nicht zu viel, das rat ich Euch nu,
Vom Honig! Ist er auch gut? Aus dem Haus
Kommt Rusteveil, wie ich sehe, heraus.
Vielleicht will er Euch zum Angedenken
Etwas auf die Mahlzeit schenken!"
Damit ging Reinke wieder nach Haus
Nach seinem Schlosse, nach Malpertaus.

Heinrich der Seuse (Suso).

47. Aus der ewigen Weisheit Büchlein.

Wie diu sêle under dem kriuze kunt ze einem herzeklîchen riuwenne und ze einem milten vergebenne.

Der diener. Ach ir lebenden stein, ir wilden rein, ir liehten ouwen, wer gît mir, daz daz inbrünstig fiur mînes vollen herzen und daz heisse wasser miner kleglîchen trehen iuch erweke, daz ir mir helfent klagen daz grundelôse leid, leid, herzeleid, daz mîn armez herze sô tougenlîche treit. Owê, mich hatte der himelsche vatter über alle lîplich crêatûre gezieret und im selben ze einer zarten minneklîchen gemahel ûzerwellet. Nû bin ich im endrunnen. Owê, ich hân in verlorn, ich hân mîn einigez ûzerweltez liep verlorn. Owê und owê und mînem ellenden herzen iemer wê! waz hân ich getân, waz hân ich verlorn? Ich hân mich selber und allez himelschez her. Allez, daz wunne und frœde mohte geben, daz ist mir endrunnen. Ich sizze blôz: wan mîn valschen minner, mîne wâren trieger, owê mort! hein mich valschlich und ellendklich gelâzen und ab mir gezerret allez daz guot, dâ mit mich mîn einigez liep hâte gekleidet. Owê êre, owê frœde, owê alle trôst, wi bin ich dîn so gar beroubet! wan ach und wê sol mîn trôst iemer sîn. War sol ich mich kêren? Mich hât doch elliu disiu welt gelâzen, wan ich mîn einigez liep hân gelâzen. Owè und owê, daz ich daz ie getet! wel ein jêmerlîchiu stunde daz was! Luogent an mich spêten zîtlôsen, sehent mich an einen slêhdorn, alle rôten rôsen, wîssen liljen, und nement war, wie schier verblichen, ertorret und erdarbet der bluome, den disiu welt brichet! wan ich sol nû iemer mê alsô lebende sterben, alsô blüegende torren, alsô junge alten und alsô gesunde siechen. Owê, zarter hêrre, ez ist aber allez klein ze wegenne, daz ich lîde, gên dem allein, daz ich dîn vetterlîchez antlüt hân erzürnet: wan daz ist mir ein helle und ein lîden ob allem lîdenne. Owê, daz dû mich so minneklich hattest vürkomen, sô zartlich mantest und sô lieplich zuge! Owê, und daz ich des alles sô gar vergass! Owê sterben, owê menschlichez herze, waz maht dû erliden! Owê, herz minz, wie bist dû sô stehelîn, daz dû nit allez von leide zerspringest! Ich hiez doch hie vor sîn liebiu gemahel. Owê, wê und iemer wê! ich bin doch nit wirdig, daz ich nû heisse sîn ermiu wöscherin. Ich engetar doch mîniu ougen vor bitter scham niemer mê ûf erhaben; mîn munt muoz doch iemer mê ein stumbe gên im sîn in lieb und in leide. Owê, wie ist mir in dieser wîten welt sô enge! Owê, got, wan wêre ich in einem wilden walde, dâ mich nieman sêhi noch hôrti, unz daz ich mich wol erschriuwi nâch alles mîns herzen begirde, daz joch dem armen herzen sô vil dest lîhter wurdi: wan anders trôstes hân ich niut. Owê, sünde, war zuo hâst dû mich brâht? .... Wer gît mir des himels breit bermît, des meres tiefi ze tinkten, lôb und gras ze vedren, daz ich volschrîbe mîn herzeleid und daz unwiderbringlich ungemach, daz mir daz leitlich scheiden von mînem geminnten hât getân? Wê mir, daz ich ie geborn ward! Waz ist mir nu mê ze tüenne, denne daz ich mich selber verwerfe in daz abgründe des leitlîchen verzwîfelens?

Entwürt der êwigen wîsheit. Dû solt niht verzwiflen: ich bin doch dur dich und alle sünder in dis welt komen, daz ich dich wider bringe minem himelschen vater in als grôzer gezierde, klârheit und lûterkeit, als dû si ie gewunne.

Der diener. owê, waz ist daz, daz dâ so süezeklich erklinget in einer erstorbnen ungenêmen hin geworfnen sêle?

Entwürt der êwigen wîsheit. Erkennest du mich nit? Wie bist dû sô nider gesigen? oder ist dir von unmêssigem herzeleide geswunden? Mîn zartez kint, ich bin ez doch, diu zarte, diu erbarmherzig wîsheit, diu dâ hât daz abgründe der grundlôsen erbarmherzekeit, diu dâ allen heiligen nâh ir abgründe verborgen ist, wît ûf geslossen, dich und elliu riuwigen herzen milteklich ze enphâhenne. Ich bin ez, diu süesse, diu dâ arm und ellend ward, daz ich dich ze dîner wirdekeit wider brêhti. Ich bin ez, diu den bittern tôd hât gelitten, daz ich dich wider lebent macheti. Ich stân hie bleich, bluotvar und minneklich, als ich stuond an dem hôhen galgen des kriuzes enzwüschent dem strengen gerihte mînes vatter und dir. Ich bin ez, dîn bruoder; luog, ich bin ez, dîn gemahel. Ich hân als gar vergessen alles, daz dû ie wider mich getête, als ob ez nie wêre geschehen, ob dû dich allein nu genzlich zuo mir kêrest und dich nit mê von mir scheidest. Wesche dich in mînem minnerîchen rôsvarwem bluote. Rihte ûf dîn houpt, tuo ûf dîniu ougen und gewinne einen guoten muot. Nim hin ze einem urkünde einer ganzen suone mîn gemahelvingerlî an dîn hand, dîn êrstez kleid, schuohe an dîn füesse und den minnerîchen namen, daz dû mîn gemahel êweklich heissest und sîest. Sieh, ich hân dich als reht sûr erarnet: dar umbe, wêre allez ertrîch ein inbrünstigez viur und lêgi enmitten dar inne ein handvoll werkes, daz wêre von sîner natiurlichen art nit sô geswind enphenklich der fiurînen flammen, als daz abgründe mîner grundlôsen erbarmherzikeit einen widerkêrenden menschen.

Der diener. Owê, vater mîner! owê, bruoder mîner! owê, allez, daz mîn herze erfrœwen mag! und wilt dû mich ungenêmen sêl noch begnâden? Owê, waz gnâden, waz grundlôser erbarmherzkeit! Des valle ich vür dîne füeze, himelscher vater und sagen dir dank von allem grunde mîns herzen und bitte dich, daz dû an sehest dînen minneklîchen einbornen sun, den dû von minnen in den bittern tôd gêbde und mîner grôzen missetât vergessest.

Hans Rosenblut.

48. Weingruß.

Nu grüsse dich got, du edels getrank!
Frisch mir mein lebern, sie ist krank,
Mit deinen gesunden, heilsamen tropfen:
Du kannst mir all mein trawer verstopfen.
Selig sei der hecker, der umb dich hackt;
Selig sei der leser, der dich abzwackt
Und dich in ein kubel legt;
Selig sei der, der dich in die kaltern trägt;
Selig sei der putner und die hant,
Der dich mit reifen umpband
Und dir macht ein hulzein haus;
Selig sei der, der dich rufet auss,
Selig sei der wirt, der schenken erdacht;
Selig sei der pot, der dich here bracht;
Selig sei der, der dich hat eingeschenkt!
Unselig der, der ein sollichs erdenkt,
Dass man die mass soll machen clein.
Nu behut dich got vor dem hagelstein
Und vor des kalten reifes frost,
Du ganz labung, du halbe kost.
Nu mussen alle die selig sein,
Die do gern trinken wein;
Den muss got allzeit wein bescheren
Und speise, damit sie den leib erneren.
So wil ich der erst sein, der anfecht,
Und wil einen trunk wol tun und recht.

Hans Sachs.

49. Kiff-Erbeskraut.

(Meistergesang, in des Muskatbluts Hofton zu singen.)

Kiff-Erbeskraut,
Wer hat dich baut?
Deine Wurz und Frucht,
Die sei verflucht,
Du tust mir viel zu leide!

Du gerätst mich zwar
Wohl über Jahr
Ohn Unterlaß
Viel eh und baß
Denn Obs, Wein und Getreide.

So kalt ich keinen Winter weiß,
Daß sie mir sind erfroren,
Auch war kein Sommer nie so heiß,
Daß sie verdorrt sind woren,
Bleiben stets grön,
Frisch, frech und schön.
Das Kraut tät ich nie kaufen;
So sä ich's in meim Garten nit
(Schütt' es der Ritt!)
Jedoch es frisch
Zu Bett und Tisch
Täglich wachset mit Haufen.

Es ist durchaus
Kein Ort im Haus,
Daß ich hätt' Gnad:
Im Keller, Bad,
In Küchen, Stuben, Kammer;

Wenn mein Frau zwächt,
Fegt oder bäckt,
Auch in der Wäsch

Wachsen mir resch
Die Kiff-Erbes mit Jammer,

Und in ein Schnipp und Augenblick
Tun sie blühen und knopfen,
Wachsen mir also hoch und dick,
Viel länger denn der Hopfen,
Daß ich verirr,
Mich drin verwirr.
Tu ich etlich abschneiden
Und nehm gleich in das Maul Süßholz,
Schwind wie ein Bolz
Wachsen ihr sehr
Wohl dreimal mehr,
Das bringt mir heimlich Leiden.

Kiff-Erbesspeis
Mancherleiweis
Mein Frau mir macht
Bei Tag und Nacht,
Tut mir's sulzen und bregeln,
Füllt mich ihr satt
Früh unde spat,
Mit Überfluß,
Mir zum Verdruß,
Wann sie stechen wie Egeln.

Eh ich ein recht verdauet han
Und mir noch liegt im Magen,
So richt sie mir ein andre an,
Tut mich stets darmit plagen.
Wollt Gott, die's baut
Kiff-Erbeskraut
Tät nimmermehr aufwachsen,
Sondern verdürb, Wurz, Kraut und Stroh!
Des wär ich froh
Und mancher Knecht,
Den auch durchächt
Das Kraut, gleichwie Hans Sachsen!

50. Das Schlauraffenland.

Ein Gegend heißt Schlauraffenland,
Den faulen Leuten wohlbekannt,
Das liegt drei Meil hinter Weihnachten.
Und welcher darein wölle trachten,
Der muß sich großer Ding vermessen
Und durch ein Berg mit Hirsbrei essen,
Der ist wohl dreier Meilen dick.
Alsdann ist er im Augenblick
In denselbing Schlauraffenland,
Da aller Reichtum ist bekannt.
Da sind die Häuser deckt mit Fladen,
Lebkuchen die Haustür und Laden,
Von Speckkuchen Dielen und Wänd,
Die Trömm von Schweinebraten send.
Um jedes Haus so ist ein Zaun,
Geflochten von Bratwürsten braun,
Von Malvasier so sind die Brunnen,
Kommen eim selbs ins Maul gerunnen.
Auf den Tannen wachsen Krapfen,
Wie hiezuland die Tannzapfen,
Auf Fichten wachsen backen Schnitten
Eierplätz tut man von Birken schütten.
Wie Pfifferling wachsen die Flecken,
Die Weintrauben in Dornhecken.
Auf Weidenkoppen Semmel stehn,
Darunter Bäch mit Milich gehn,
Die fallen dann in Bach herab,
Daß jedermann zu essen hab.
Auch gehn die Fisch in den Lachen
Gesotten, braten, gesulzt und backen
Und gehn bei dem Gestad gar nahen,
Lassen sich mit den Händen fahen.
Auch fliegen um, müget ihr glauben,
Gebraten Hühner, Gäns und Tauben,
Wer sie nicht fäht und ist so faul,

Dem fliegen sie selbs in das Maul.
Die Säu all Jahr gar wohl geraten,
Laufen in Land um, sind gebraten,
Jede ein Messer hat im Rück,
Darmit ein jeder schneidt ein Stück
Und steckt das Messer wieder drein.
Die Kreuzkäs wachsen wie die Stein.
So wachsen Bauern auf den Baumen,
Gleichwie in unserm Land die Pflaumen.
Wenn s' zeitig sind, so fallen s' ab,
Jeder in ein Paar Stiefel rab.
Wer Pferd hat, wird ein reicher Meier,
Wann sie legen ganz Körb voll Eier.
So schütt man aus den Eseln Feigen.
Nit hoch darf man nach Kirschen steigen,
Wie die Schwarzbeer sie wachsen tun.
Auch ist in dem Land ein Jungbrunn,
Darein verjungen sich die Alten.
Viel Kürzweil man im Land tut halten:
So zu dem Ziel schießen die Gäst,
Der weitst vom Blatt gewinnt das Best.
Im Laufen gewinnt der letzt allein.
Das Polsterschlafen ist gemein.
Auch ist im Land gut Geld gewinnen:
Wer sehr faul ist und schläft darinnen,
Dem gibt man von der Stund zwei Pfennig,
Er schlaf ihr gleich viel oder wenig.
Und welcher da sein Geld verspielt,
Zwiefach man ihm das wieder gilt.
Und welcher auch nicht gerne zahlt,
Wenn die Schuld wird eines Jahres alt,
So muß ihm jener darzu geben.
Und welcher Gehren wohl ist leben,
Dem gibt man von dem Trunk ein Batzen;
Und welcher wohl die Leut kann fatzen,
Dem gibt man ein Plappart zu Lohn:
Für ein groß Lüg geit man ein Kron,

Doch muß sich da hüten ein Mann,
Aller Vernunft ganz müßig stahn.
Wer Sinn und Witz gebrauchen wollt,
Dem wird kein Mensch im Lande hold;
Und wer gern arbeit mit der Hand,
Dem verbeut man's Schlauraffenland;
Wer Zucht und Ehrbarkeit hat lieb,
Denselben man des Lands vertrieb.
Wer unütz ist, will nichts nit lern,
Der kommt im Land zu großen Ehrn.
Wann wer der faulest wird erkannt,
Derselb ist König in dem Land.

— — — — — — —

Wer also lebt, wie obgenannt,
Der ist gut ins Schlauraffenland,
Das von den Alten ist erdicht,
Zu Straf der Jugend zugericht,
Die gewöhnlich faul ist und gefräßig,
Ungeschickt, heillos und nachlässig,
Daß man s' weis' ins Land zu Schlauraffen,
Damit ihr schlüchtisch Weis' zu strafen,
Daß sie haben auf Arbeit acht,
Weil faule Weis' nie Gutes bracht.

Anno salutis 1530.

51. Die ungleichen Kinder Evä.

Die Gelehrten haben zugericht
Vor Jahren ein lieblich Gedicht,
Nach dem uns Gott der Herr beschuf
All Kreatur durch Wortes Ruf
Und unserm ersten Vater Adam
Ein Ripp aus seiner Seiten nahm,
Daraus Eva, das Weib, ihm baut
Und sie Adam ehlich vertraut,
Gab ihn darnach sein Segen wert,
Sprach: „Mehrt euch und erfüllt die Erd!"

Als aber sie nach dieser Tat
Nach des Satanes falschem Rat
Aßen von der verboten Speis,
Trieb sie Gott aus dem Paradeis
Und waren in Gottes Ungnaden.
Nach diesem verderblichen Schaden
Baut Adam die unfruchtbar Erd
Im Schweiß seines Angesichts mit Beschwerd,
Eva aber, das Weib, fürwahr
In Schmerzen viel Kinder gebar.
Der waren eins teils schön und adlig,
Subtil geliedmasiert, untadlig,
Sinnreich, geschickt, höflich, geberlich;
Doch hätt' sie viel Kinder gefährlich,
Toll, dolpet, grob und ungestalt,
Ungleich den Kindern oberzahlt.
Derhalb Eva, die Mutter klug,
Die schönen Kinder wohl aufzug
Und hätt' sie gar hold, lieb und wert;
Der andern Kinder sich beschwert
Und achtet sich ihr nit so hart,
Weil sie warn geschlagen aus der Art.
Nun der ungestalten Kinder Zahl
Der waren sehr viel überall.
Die ließ Eva gehn, wie sie gingen.
Aber kürzlich nach diesen Dingen
Der allmächtige, gütig Gott
Eva durch ein Engel entbot,
Er wollt zu ihr kummen hinaus,
Schauen, wie sie auf Erd hielt Haus
Mit ihren Kinden und Adam.
Bald Eva die Botschaft vernahm,
Da war sie froh der Gottesgnaden,
Dacht, sein Zukunft wird sein ohn Schaden,
Kehret und schmücket das ganz Haus
Mit Gras und Blumen überaus,
Stecket Maien in alle Gaden

Und tät ihr' schöne Kinder baden,
Strehlen, flechten und schmuckt sie schon
Legt ihn neugewaschene Hemder on,
Tät ihn auch fleißiglich anzeigen,
Wie sie sich höflich sollten neigen
Vor dem Herrn und ihn empfangen,
Ihr Händ' bieten, fein züchtig prangen
  Aber die andern Kinder ungestalt
Verstieß sie alle, jung und alt.
Einsteils verbarg sie in die Streu,
Einsteils grub sie ein in das Heu,
Einsteils schüb sie ins Ofenloch,
Wann sie forcht sehr, der Herre hoch
Würd spotten ihr ob dieser Zucht,
Der ihren ungestalten Frucht.
  Als aber nun der Herre kam,
Die schönen Kinder allesam
Hätt sie gestellet nacheinander,
Empfingen den Herrn allesander,
Neigten sich höflich an dem End
Und boten ihm all ihre Händ'.
Nachdem knieten sie nieder schon
Und beteten den Herren on.
Nachdem der milde Herre gütig
Segnet die Kinder gar senftmütig
Nacheinander an diesem End
Und legt auf den ersten seine Händ'
Und sagt zu ihm: „Du sollt auf Erden
Ein gewaltiger Künig werden
Und sollt halten in deiner Händ
In der Welte das Regiment!"
Zumb andern: „Du ein Fürste sei!"
Zumb dritten: „Du ein Grafe frei!"
Zumb vierten: „Du ein Ritter schon!"
Zumb fünften: „Sei ein Edelmonn!
Regieren sollt ihr Leut und Land
Und haben stets die Oberhand!"

Zum sechsten sprach er dergelcich:
„Du aber sei ein Bürger reich!"
Zum siebenten: „Sei ein Kaufmonn!
Groß Glück sollt du auf Erden hon."
Zum achten: „Du werd wohlgelehrt,
Ein Doktor, weis' und hochgeehrt!"
Gab also ihnen reichen Segen.
Eva diese Ding tät erwägen,
Weil der Herr so mit milder Hand
Die hätt gesegnet allesant,
Dacht: „Ich will bringen auch herein
Die ungestalten Kinder mein,
So wird sich Gott noch mehr erbarmen
Auch über die ungestalten, armen.
Loff naus und holt auch aus dem Heu,
Aus der Krippen und aus der Streu
Und aus dem Ofenloch gar bald
All ihre Kinder ungestalt
Und führet sie hinein vor Gott,
Ein unflätig, gestrobelte Rott,
Grob, ungeschickt, dolpet und dötschet,
Schlüchtisch, ohne Zucht, bäurisch und lötschet.
Als der Herr sach den rotzig Haufen
Vor ihm stehn mit Kreischen und Schnaufen,
Da mußt der Herr ihr aller lachen,
Sprach: „Eva, was meinst mit den Sachen?"
Eva sprach: „Herr, gib ihn den Segen,
Weil du bist gütig allewegen;
Laß sie ihr Ungestalt nit entgelten:
Sie kommen zu den Leuten selten,
Derhalben lernten sie hie auf Erd
Nit sehr viel höflicher Gebärd!"
Der Herr sprach: „Dasselb sich ich wohl,
Jedoch ich sie auch segnen soll
Durch meinen Geist an diesem End!"
Und legt dem ersten auf sein Händ
Und sprach: „Du sollt werden ein Bauer.

Dein Nahrung soll dir werden sauer,
Sollt andern bauen Weiz und Kern."
Zumb andern sprach er: „Du sollt wern
Ein Fischer und sollt fahen Fisch,
So ghören auf der Herren Tisch.
Sei ein Schmied!" tät dem dritten sagen,
„Mach Sensen! Beschlag Roß und Wagen!"
Zum vierten sprach er: „Sei ein Ledrer!"
Zum fünften: „Du sei ein Weber
Und wirk Leinen und wollen Tuch!"
Zumb sechsten: „Du, mach Stiefel und Schuch!"
Zumb siebenten sprach: „Ein Schneider sei!
Mach Hosen und Wamms darbei!"
Zum achten: „Sei ein Hafner du!
Mach Häfen und auch Krüg darzu!"
Den neunten redet er auch on:
„Du aber sei ein Karrenmonn!"
Dem zehnten geb er sein Segen:
„Du bleib ein Schiffmonn allewegen,
Daß du die Leut führst über Rhein!"
Zum eilften: „Du sollt ein Bot sein,
Der Brief' tu hin und wieder tragen."
Und zu dem zwölften tät er sagen:
„Du aber sollest bleiben schlecht,
Dieweil du lebest, ein Hausknecht!"
Als Eva horet diese Wort,
Gemeldeten Segen an dem Ort,
Da sprach sie: „Lieber Herre reich,
Wie teilst du aus so ungeleich
Dein Segen? Was zeihst du die arme Rott,
Daß du s' also trittst in das Kot,
Daß sie auf ganzer Erd allein
Müssen der andern Füßschemel sein?
Weil ich die Kinder allesam
Geborn hab mit meinem Mann Adam,
Darumb soll dein guter Segen reich
Über sie alle gehn geleich!"

Der Herr sprach: „Eva, nimm Bericht!
Der Sach verstehst du wahrlich nicht!
Du weißt, ich bin der einig Gott.
Derhalb gebührt mir und ist not,
Daß ich verseh die ganzen Welt
Mit deinen Kinden obgemeldt
Mit Leuten zu den Regimenten
Und desgleich zu den andern Ständen,
Auf daß sie miteinander wandern.
Kein Teil könnt bestehn ohn den andern,
Wenn sie all Fürsten und Herren wären,
Wer wollt bauen Korn, Weiz und Kern?
Wer wollt dreschen, mahlen und backen,
Schmieden, weben und Schuhe machen,
Zimmern, bauen, schnitzen und drehen,
Gerben, gießen, schneiden und nähen?
Schau! zu dem allen ich erwähl
Und einem jeglichen Stand zustell
Leut, nachdem sie geschickt sein,
Denselben zu vertreten allein,
Auf daß in allem Stand und Amt
Auf ganzer Erd werd nichts versamt,
Daß ein Stand den andern erhalt
Mit Hilf aus meinem göttlichen Gewalt,
Sie doch alle ernähret werden,
Jeder in seinem Stand auf Erden,
Daß also ganz menschlich Geschlecht
Einander bleibt eingeleibt recht,
Gleichwie in einem Leib die Glieder."
Da antwort ihm Frau Eva wieder:
„Ach, Herr, vergib, ich war zu gäh:
Dein göttlicher Will, der gescheh
An meinen Kinden nach deiner Ehr,
Ich will dir nichts einreden mehr!"
Nun aus dieser lieblichen Fabel
Lernen wir gleich aus einer Parabel,
Daß zu allen Händeln heut

Noch allezeit sich finden Leut
In allen Ständen hin und wieder,
Beide in hohe und in nieder.
Kein Amt noch Stand so ring noch schlecht,
Man findt in ganz menschlichem Geschlecht
Leut, die sich willig geben drein.
Darbei spürt man heimlich allein,
Wie Gott so wunderbar regiert
Und also weislich ordiniert
All Ständ, daß im Wesen besteh
Menschlich Geschlecht und orndlich zugeh,
Wie wohl Ober- und Untertan
Unser Zeit gröblich fehlen dran,
Da keiner bleibt in seim Beruf,
Darzu ihn Gott, der Herr, beschuf,
Will gar nit dran begnüget sein
Und drängt sich jeder weiter ein,
Seinem Nächsten zu merklich Schaden.
Darmit werden alle Ständ überladen,
Da immer einer den andern dringet,
Betreugt, vervorteilt, schindt und zwinget
Wider alle Gottes Ordenung.
Deshalb leidt itzund alt und jung
Viel unbilliges Ungemachs.
Gott wend's zum Besten! wünscht Hans Sachs.

Anno salutis 1558, am 6 Tag Januarii.

Martin Luther.

52. Frau Musika.

(Vorrede auf alle guten Gesangbücher. 1538)

Für allen Freuden auf Erden
Kann niemand kein feiner werden,
Denn ich geb mit meim Singen
Und mit manchem süßem Klingen.

Hie kann nicht sein ein böser Mut,
Wo da singen Gesellen gut.
Hie bleibt kein Zorn, Zank, Haß noch Neid,
Weichen muß alles Herzeleid.

Geiz, Sorg, und was sonst hart anleit,
Fährt hin mit aller Traurigkeit.
Auch ist ein jeder des wohl frei,
Daß solche Freud kein Sünde sei,

Sondern auch Gott viel baß gefällt,
Denn alle Freud der ganzen Welt:
Dem Teufel sie sein Werk zerstört
Und verhindert viel böser Mörd.

Das zeugt David, des Kön'ges, Tat,
Der dem Saul oft gewehret hat
Mit gutem, süßem Harfenspiel,
Daß er in großen Mord nicht fiel.

Zum göttlichen Wort und Wahrheit
Macht sie das Herz still und bereit:
Solchs hat Elisäus bekannt,
Da er den Geist durchs Harfen fand.

Die beste Zeit im Jahr ist mein,
Da singen alle Vögelein,
Himmel und Erden ist der voll,
Viel gut Gesang da lautet wohl.

Voran die liebe Nachtigall
Macht alles fröhlich überall
Mit ihrem lieblichen Gesang,
Des muß sie haben immer Dank,

Vielmehr der liebe Herre Gott,
Der sie also geschaffen hat,
Zu sein die rechte Sängerin,
Der Musiken ein Meisterin,

Dem singt und springt sie Tag und Nacht,
Seines Lobes sie nicht müde macht:
Den ehrt und lobt auch mein Gesang
Und sagt ihm ein ewigen Dank.

53. Der Psalter.

(Aus der Vorrede auf den Psalter, 1531.)

Ein menschlich Herz ist wie ein Schiff auf einem wilden Meer, welches die Sturmwinde von den vier Örtern der Welt treiben. Hie stößet her Furcht und Sorge vor zukünftigem Unfall; dort fähret Grämen her und Traurigkeit von gegenwärtigem Übel. Hie weht Hoffnung und Vermessenheit von zukünftigem Glück; dort bläset her Sicherheit und Freude in gegenwärtigen Gütern.

Solche Sturmwinde aber lehren mit Ernst reden und das Herz öffnen und den Grund herausschütten. Denn wer in Furcht und Not steckt, redet viel anders von Unfall, denn der in Freuden schwebt; und wer in Freuden schwebt, redet und singet viel anders von Freuden, denn der in Furcht steckt. Es gehet nicht von Herzen, spricht man, wenn ein Trauriger lachen oder ein Fröhlicher weinen soll, das ist: seines Herzens Grund stehet nicht offen und ist nicht heraus.

Was ist aber das meiste im Psalter, denn solch ernstlich Reden in allerlei solchen Sturmwinden? Wo findet man feiner Wort von Freuden, denn die Lobpsalmen oder Dankpsalmen haben? Da siehest du allen Heiligen ins Herze, wie in schöne, lustige Gärten, ja wie in den Himmel, wie feine, herzliche, lustige Blumen darinnen aufgehen von allerlei schönen, fröhlichen Gedanken gegen Gott um seine Wohltat. Wiederum, wo findest du tiefer, kläglicher, jämmerlicher Wort von Traurigkeit, denn die Klagepsalmen haben? Da siehest du abermal allen Heiligen ins Herze, wie in den Tod, ja wie in die Hölle. Wie finster und dunkel ist's da von allerlei betrübtem Anblick des Zornes Gottes! Also auch, wo sie von Furcht und Hoffnung reden, brauchen sie solcher Worte, daß dir kein Maler also könnte die Furcht oder Hoffnung abmalen und kein Cicero oder Redkündiger also vorbilden.

Und, wie gesagt, ist das das allerbeste, daß sie solche Wort gegen Gott und mit Gott reden, welches macht, daß zweifältiger Ernst und Leben in den Worten sind. Denn wo man sonst gegen Menschen in solchen Sachen redet, geht es nicht so stark von Herzen, brennet, lebt und dringet nicht so fast. Daher kommt's auch, daß der Psalter aller Heiligen Büchlin ist und ein jeglicher, in waserlei Sachen er ist, Psalmen und Wort drinnen findet, die sich auf seine Sachen reimen und ihm so eben sind, als wären sie allein um seinen Willen also gesetzt, daß er sie auch selbst nicht besser setzen, noch finden kann, noch wünschen mag.

54. Von Schulen und Büchereien.

(Aus dem Sendschreiben an die Ratsherrn aller Städte deutsches Landes, daß sie christliche Schulen aufrichten und halten sollen, 1524.)

Mein Meinung ist, daß man die Knaben des Tags ein Stund oder zwo lasse zu solcher Schule gehen und nichtsdestoweniger die ander Zeit im Hause schaffen, Handwerk lernen, und wozu man sie haben will, daß beides miteinander gehe, weil das Volk jung ist und gewarten kann. Bringen sie doch sonst wohl zehnmal so viel Zeit zu mit Käulchen schießen, Ballspielen, Laufen und Rammeln.

Also kann ein Maidlin ja so viel Zeit haben, daß sie des Tages eine Stunde zur Schule gehe und dennoch ihres

Geschäfts im Hause wohl warte; verschläft's und vertanzt und verspielet es doch wohl mehr Zeit. Es fehlet allein daran, daß man nicht Lust noch Ernst dazu hat, das junge Volk zu ziehen, noch der Welt zu helfen und zu raten mit feinen Leuten. Der Teufel hat viel lieber grobe Blöcke und unnütze Leut, daß es den Menschen ja nicht zu wohl gehe auf Erden.

Welche aber der Ausbund darunter wären, der man sich verhofft, daß es geschickte Leut sollen werden zu Lehrern und Lehrerinnen, zu Predigern und andern geistlichen Ämtern, die soll man desto mehr und länger dabei lassen.

Am letzten ist auch das wohl zu bedenken allen denjenigen, so Lieb und Lust haben, daß solche Schulen und Sprachen in deutschen Landen aufgericht und erhalten werden, daß man Fleiß und Kosten nicht spare, gute Libereien oder Bücherhäuser, sonderlich in den großen Städten, die solches wohl vermögen, zu verschaffen. Und das nicht allein darum, daß diejenigen, so uns geistlich und weltlich vorstehen sollen, zu lesen und zu studieren haben; sondern daß auch die guten Bücher behalten und nicht verloren werden samt der Kunst und Sprache, so wir jetzt von Gottes Gnaden haben.

Aber mein Rat ist nicht, daß man ohn Unterscheid allerlei Bücher zu Hauf raffe und nicht mehr gedenke, denn nur auf die Menge und den Haufen der Bücher.

Erstlich sollt die heilige Schrift, beide auf Lateinisch, Griechisch, Hebräisch und Deutsch, und ob sie noch in mehr Sprachen wäre, darinnen sein. Darnach die besten Ausleger und die ältesten, beide griechisch, hebräisch und lateinisch, wo ich sie finden könnte. Darnach solche Bücher, die zu den Sprachen zu lernen dienen, als die Poeten und Oratoren, nicht angesehen, ob sie Heiden oder Christen wären, griechisch oder lateinisch. Denn aus solchen muß man die Grammatik lernen. Darnach sollten sein die Bücher von den freien Künsten und sonst von allen andern Künsten. Zuletzt auch der Rechte und Arznei Bücher, wiewohl auch hie einer guten Wahl not ist. Mit den vornehmsten aber sollten sein die Chroniken und Historien, welcherlei Sprachen man haben könnte: denn dieselben wundernütze sind, der Welt Lauf zu erkennen und zu regieren, ja auch Gottes Wunder und Werk zu sehen. O, wie manche feine Geschichte und Sprüche sollt man jetzt haben, die in deutschen Landen geschehen und gangen sind, deren wir jetzt gar keins wissen. Das macht, niemand ist da gewesen, der sie beschrieben, oder ob sie schon beschrieben gewest wären, niemand die Bücher gehalten hat; darum man auch von uns Deutschen nichts weiß in andern Landen, und müssen aller Welt die deutschen Bestien heißen, die nichts mehr könnten, denn kriegen und fressen und saufen. Aber die Griechen und Lateiner, ja auch die Hebräer, haben ihr Ding so genau und fleißig beschrieben, daß, wo auch ein Weib oder Kind etwas Sonderliches getan oder geredt hat, das muß alle Welt lesen und wissen: dieweil sind wir Deutsche noch immer Deutsche und wöllen Deutsche bleiben.

55. Vom Dolmetschen.

Ich hab mich des geflissen im Dolmetschen, daß ich rein und klar deutsch geben möchte. Und ist uns wohl oft begegnet, daß wir vierzehn Tage, drei, vier Wochen haben ein einiges Wort gesucht und gefragt, haben's dennoch zuweilen nicht funden. Im Hiob arbeiteten wir also, M. Philippus, Aurogallus und ich, daß wir in vier Tagen zuweilen kaum drei Zeilen konnten fertigen. Lieber, nun es verdeutscht und bereit ist, kann's ein jeder lesen und meistern, läuft einer jetzt mit den Augen durch drei, vier Blätter und stößt nicht einmal an; wird aber nicht gewahr, welche Wacken und Klötze da gelegen sind, da er jetzt über hin gehet, wie über ein gehobelt Brett, da wir haben müssen schwitzen und uns ängsten, ehe denn wir solche Wacken und Klötze aus dem Wege räumten, auf daß man könnte so fein dahergehen. Es ist gut pflügen, wenn der Acker gereinigt ist, aber den Wald und die Stöcke ausrotten und den Acker zurichten, da will niemand an.

Man muß nicht die Buchstaben in der lateinischen Sprache fragen, wie man soll deutsch reden, sondern man muß die Mutter im Hause, die Kinder auf der Gassen, den gemeinen

Mann auf dem Markt drum fragen und denselbigen auf das Maul sehen, wie sie reden, und darnach dolmetschen, so verstehen sie es denn und merken, daß man deutsch mit ihnen redet.

Item, da der Engel Mariam grüßet und spricht: „Gegrüßet seist du, Maria voll Gnaden, der Herr mit dir!" wohlan, so ist's bisher, schlecht den lateinischen Buchstaben nach, verdeutschet. Sage mir aber, ob solches auch gut deutsch sei. Darum hab ich's verdeutscht: du Holdselige; damit doch ein Deutscher desto mehr hinzu kann denken, was der Engel meinet mit seinem Gruß. Wiewohl ich dennoch damit nicht das beste Deutsch habe getroffen, und hätte ich das beste Deutsch hie sollen nehmen und den Gruß also verdeutschen: Gott grüße dich, du liebe Maria! denn soviel will der Engel sagen, und so würde er geredet haben, wann er hätte wollen sie deutsch grüßen. Wer deutsch kann, der weiß wohl, welch ein herzlich, fein Wort das ist: die liebe Maria, der lieb Gott, der liebe Kaiser, der liebe Fürst, der lieb Mann, das liebe Kind. Und ich weiß nicht, ob man das Wort auch so herzlich und genugsam in lateinischer Sprache reden mag, das also dringe und klinge ins Herz, durch alle Sinne, wie es tut in unsrer Sprache.

Und was soll ich viel und lange sagen von Dolmetschen? Sollte ich aller meiner Worte Ursachen und Gedanken anzeigen, ich müßte wohl ein Jahr dran zu schreiben haben. Was Dolmetschen für Kunst und Arbeit sei, das hab ich wohl erfahren. Soll's gemeistert werden, so will ich's selber tun; wo ich's selber nicht tu, da lasse man mir mein Dolmetschen mit Frieden, und mache ein jeglicher, was er will, für sich selbst und habe ihm ein gut Jahr.

56. Vom Reichstag der Dohlen und Krähen.

(Brief an seine Tischgesellen, geschrieben Sommer 1530 auf der Feste Koburg, während des Augsburger Reichstages.)

Gnade und Friede in Christo, lieben Herren und Freunde! Ich hab euer aller Schreiben empfangen, und wie es allenthalben zustehet, vernommen. Auf daß ihr wiederum vernehmet, wie es hie zustehet, füge ich euch zu wissen, daß wir, nämlich ich, Magister Veit und Cyriacus*), nicht auf den Reichstag gen Augsburg ziehen; wir sind aber sonst wohl auf einen anderen Reichstag kommen.

Es ist ein Rubet gleich vor unserm Fenster hinunter, wie ein kleiner Wald, da haben die Dohlen und Krähen einen Reichstag hingelegt; da ist ein solch Zu- und Abreiten, ein solch Geschrei Tag und Nacht ohne Aufhören, als wären sie alle trunken, voll und toll; da keckt jung und alt durcheinander, daß mich wundert, wie Stimm und Odem so lang währen möge. Und möchte gerne wissen, ob auch solches Adels und reisigen Zeugs auch etliche noch bei euch wären; mich dünkt, sie seien aus aller Welt hieher versammelt.

Ich habe ihren Kaiser noch nicht gesehen, aber sonst schweben und schwänzen der Adel und großen Hansen immer vor unsern Augen; nicht fast köstlich gekleidet, sondern einfältig in einerlei Farbe, alle gleich schwarz und alle gleich grauaugig; singen alle gleich einen Gesang, doch mit lieblichem Unterscheid der Jungen und der Alten, Großen und Kleinen. Sie achten auch nicht der großen Paläste und Säle; denn ihr Saal ist gewölbet mit dem schönen, weiten Himmel; ihr Boden ist eitel Feld, getäfelt mit hübschen, grünen Zweigen; so sind die Wände so weit, als der Welt Ende. Sie fragen auch nichts nach Rossen und Harnisch, sie haben gefiederte Räder, damit sie auch den Büchsen entfliehen und einem Zorn

*) Veit Dietrich aus Nürnberg und seinen Schwestersohn Cyriacus Kaufmann aus Mansfeld, einen jungen Studenten, hatte Luther als Genossen bei sich.

entsitzen können. Es sind große, mächtige Herren; was sie aber beschließen, weiß ich noch nicht.

Soviel ich aber von einem Dolmetscher habe vernommen, haben sie vor einen gewaltigen Zug und Streit wider Weizen, Gerste, Hafer, Malz und allerlei Korn und Getreide und wird mancher Ritter hie werden und große Taten tun.

Also sitzen wir im Reichstag, hören und sehen zu mit großer Lust und Liebe, wie die Fürsten und Herren samt andern Ständen des Reichs so fröhlich singen und wohlleben. Aber sonderliche Freude haben wir, wenn wir sehen, wie ritterlich sie schwänzen, den Schnabel wischen und die Wehr stürzen, daß sie siegen und Ehre einlegen wider Korn und Malz. Wir wünschen ihnen Glück und Heil, daß sie allzumal an einen Zaunstecken gespießet wären.

Heute haben wir die erste Nachtigall gehöret; denn sie hat dem April nicht wöllen trauen. Es ist bisher eitel köstlich Wetter gewest, hat noch nie geregnet, ohne gestern ein wenig. Bei euch wird's vielleicht anders sein. Hiemit Gott befohlen, und haltet wohl Haus! Aus dem Reichstag der Malztürken,

den 28. April anno 1530.

Martinus Luther, D.

Sebastian Brant.

57. Von unnützen Büchern.

Aus dem Narrenschiff.

Den Vortanz hat man mir gelan,
Dann ich ohn Nutz viel Bücher han,
Die ich nit lies und nit verstan.

Daß ich sitz vorn an in dem Schiff,
Das hat wohrlich ein sundern Griff,
Ohn Ursach ist das nit getan.
Uf min Librie ich mich verlan,
Von Büchern hob ich großen Hort,
Verstand doch drin gar wenig Wort,
Und halt sie dennacht in den Ehren,
Daß ich ihn will der Fliegen wehren.
Wo man von Künsten reden tuot,
Sprich ich: Doheim hab ich's fast guot;
Domit loß ich begnügen mich,
Daß ich viel Bücher vor mir sich.

Der Künig Ptolemäus bstellt,
Daß er all Bücher hätt der Welt,
Und hielt das für ein großen Schatz,
Doch hatt er nit das recht Gesatz
Noch kunnt darus berichten sich.
Ich hab viel Bücher ouch desglich
Und lies doch ganz wenig darin.
Worumb wollt ich brechen min Sinn
Und mit der Lehr mich bkümbren fast?
Wer viel studiert, wird ein Phantast.

Ich mag doch sunst wohl sin ein Herr
Und lohnen eim, der für mich lehr.
Ob ich schon hab ein groben Sinn,
Doch so ich bi Gelehrten bin,
So kann ich „ita" sprechen, „jo".
Des tütschen Orden bin ich froh,
Denn ich gar wenig kann Latin:
Ich weiß, daß vinum heißet Win,
Gucklus ein Gouch, stultus ein Tor,
Und daß ich heiß domine Doctor.
Die Ohren sind verborgen mir,
Man säh sunst bald eins Müllers Tier.

Johann Fischart.

58. Aus dem Glückhaften Schiff von Zürich.

Nichts ist also schwer und scharf,
Das nicht die Arbeit unterwarf;
Nichts mag kaum sein so ungelegen,
Welchs nicht die Arbeit bring zuwegen;
Was die Faulkeit halt für unmüglich,
Das überwindt die Arbeit füglich.
Die Arbeit hat die Berg' durchgraben
Und das Tal in die Höh erhaben,
Hat's Land mit Städten wohnhaft gmacht
Und die Ström' zwischen Damm gebracht,
Hat Schiff gebaut, das Meer zu zwingen,
Daß es die Leut muß überbringen.
. . . Arbeit und Fleiß, das sind die Flügel,
So führen über Strom und Hügel.
. . . Laßt uns hören mit Verlangen,
Wie im Sommer, neulich vergangen,
Von Zürch ein gsellig Bürgerschaft
Mit gutem Glück und Manneskraft,
Gen Straßburg auf das Schießen fuhr,
Da sie all Freundlichkeit erfuhr.
. . . . Derhalben sich ein ehrlich Gsellschaft
Von vier und fünfzig samenthaft,
So all in Leibfarb waren bkleidt,
Zu zeigen ihr Einmütigkeit,
Verglichen haben eines Stücks,
Welches bedorft wohl großes Glücks.
Nämlich in eim Tag tun ein Fahrt,
Die man kaum in vier Tagen fahrt.
. . . Rüsten derwegen zu ein Schiff,
Welchs in eim Tag gen Straßburg lief.
. . . Nachdem nun alles war versehen,

Ward zu der Abfahrt angesehen
Im Brachmonat der zwanzigist Tag,
Daß man es mit dem Wagschiff wag.
Kamen darauf fast um zwo Uhren
Gleich gegen Tag, daß sie abfuhren,
Trugen ein warmen Hirs ins Schiff
In einem großen Hafen tief,
Zu zeigen an, daß wie sie könnten
Den Hirs warm liefern an fern' Enden.
. . . All waren freudig, daß man's wag,
Und grüßten da den lieben Tag
Mit Trommen und Drometenschall,
Daß es gab durch den See ein Hall.
„O heller Tag, o liebe Sonn",
Sprachen sie, „nun dein Schein uns gonn,
Zeig uns dein lichtes rotes Haupt,
Des uns hast diese Nacht beraubt,
Geh auf mit Freuden, uns zu Heil,
Daß wir vollbringen unser Teil!"
. . . Hiemit so stieß man ab vom Land
Und legt an d' Ruder mannlich Hand.
Da ging es daher in der Wog,
Als ob es in dem Wasser flog,
Die Ruder gingen auf und ab,
Schnell, daß es ein Ansehen gab,
Als ob ein fremds, ungewohnt Geflügel
Da auf dem Wasser rührt' die Flügel.
Die Limmat, welche her entspringt
Vom Märchberg, der Uri umringt,
Die wollt sich erstlich etwas straußen,
Erzeigt sich wild mit Rauschen, Brausen,
Denn ihr war ungewohnt solch schnell Schiffen,
Und hätt sie gern ein Weil ergriffen,
Von ihnen zu erfahren Bescheid,
Was solches Eilen wohl bedeut';
. . . Aber eh sie es hat erfahren,
Kamen sie schnell aus ihr in d' Aaren;

Die Aar beim höchsten Gebirg entspringt,
Dem Gotthard, der in d' Wolken dringt
Und sich wie ein Fischangel windt
Durch Brienz- und Thunersee geschwind.
. . . Dieselbig Aarig hat sie geleit't
Zum Rhein mit schneller Fertigkeit:
Da freuten sich die Reis'gefährten,
Als sie den Rhein da rauschen hörten
Und wünschten auf ein Neues Glück,
Daß glücklich sie der Rhein fortschick,
Und grüßten ihn da mit Drometen:
„Nun han wir deiner Hilf vonnöten,
O Rhein, mit deinem hellen Fluß
Dien du uns nun zur Fürdernuß!
Laß uns genießen deine Gunst,
Dieweil du doch entspringst bei uns,
. . . Schalt dies Wagschifflein nach Begehren!
Wir wöllen dir es doch verehren;
Leit es gen Straßburg, deine Zierd,
Darfür du gern laufst mit Begierd,
Weil es dein Strom ziert und ergetzt,
Gleich wie ein Gestein, im Ring versetzt!"
Der Rhein mocht dies kaum hören aus,
Da wund er umb das Schiff sich kraus,
Macht umb die Ruder ein weit Rad
Und schlug mit Freuden ans Gestad
Und ließ ein rauschend Stimm da hören,
Draus man mocht diese Wort' erklären:
„Frisch dran, ihr lieben Eidgenossen,"
Sprach er, „frisch dran! seid unverdrossen!
. . . Die Straß nach Straßburg sei euch offen,
Ihr werdt erlangen, was ihr hoffen,
Was ihr euch heut früh nahmen vor,
Das wird den Abend euch noch wohr.
Nun, liebs Wagschifflin, lauf behend,
Heut wirst ein Glücksschiff noch genennt,
Und durch dich werd ich auch gepriesen,

Weil ich solch Treu dir hab bewiesen!"
. . . Aber je mehr der Rhein fortstieß,
Je meh die Sonn ihr Kraft bewies;
Denn als sie mit ihren schnellen Gäulen
So heftig in die Höh tät eilen,
Zu sein im Mitten zu Mittag,
Auf daß sie da ausspannen mag,
Ward sie vom Eilen so erhitzt,
Daß sie nur Feuerstrahl von ihr schwitzt
. . . Fürnehmlich aber schoß ihr Strahl
Die Sonn auf unser Schifflin schmal,
Weil sie ihm schier vergonnen tät,
Daß es lief mit ihr um die Wett,
Und wollt ihr nachtun ihren Lauf,
Mit ihr gehn nieder wie auch auf.
. . . Je meh von ihnen der Schweiß floß,
Je meh Muts ihnen die Reis' eingoß.
Dann Arbeit, Mühde, Schweiß und Frost
Sind des Ruhms und der Tugend Kost.
Das sind die Staffeln und Stegreif,
Darauf man zum Lob steiget steif.
. . . Derwegen, als die Sonn vermerkt,
Daß nur ihr Mannheit wurd gestärkt,
Und sah allweil das Schiff forteilen,
Da sorgt sie, sie möcht sich verweilen,
Daß ihr vielleicht das Schiff vorkäm'
Und also ihr das Lob benähm':
Derhalben, nicht halb ausgeruht,
Spannt sie frisch' Pferd' vor wohlgemut,
Ließ sich aus ihrem guldnen Saal
Und rennt in eim Kipp ab zutal.
. . . Welchs diese Männer meh ermahnt,
Daß weidlich sie anlegten Hand,
Führnehmlich, da sie daucht von ferr,
Wie ein neu Gestirn ihnen vorschien her
Vom Widerschein der hohen Spitzen
Des Turns zu Straßburg durch hell Blitzen,

Die auf der Spitz die Sonn erregt,
Auf daß sie die Gsellschaft bewegt
Und also gleichsam mit ihr scherzt
Und sie zu fahren macht beherzt.
Dann ihr der Kipp vergangen war,
Als sie ward ihres Vorteils gewahr,
Und ließ die Pferd' gern langsam traben,
Noch Kurzweil mit dem Schiff zu haben.
. . . Aber sie mußt hernieder ilen,
Die Erd sich lassen zu erkühlen
Und sich selbs im Meer zu erfrischen
Und den feurig Schweiß abzuwischen.
Jedoch zuletzt, eh sie verlauf,
Sprang sie zu etlich Malen auf
Hinter den Bergen mit ihren Blicken,
Zu sehen, wie sie sich nachschicken,
Und als sie es sah schier vollbracht,
Sprang sie noch eins zu guter Nacht
Und befahl die Gesellschaft dem Rhein,
Der sie leit' gar in d' Stadt hinein.
Welches der Rhein gar treulich tat
Und ließ sich hören am Gestad
Mit größerm Rauschen vor meh Freuden,
Daß sie so nah der Stadt zuleiten.
Sie ließen auch zu Lob dem Rhein
Und zum Zeichen, daß sie da sei'n,
Die Trommen und Drometen gehn,
Daß es gab ein groß Freudengetön.
. . . Drauf hat der Rhein sein Abscheid genommen,
Auf daß er bald ins Meer möcht kommen
Und ihm die fremde Zeitung bringen,
Wie er um Ruhm werd' mit ihm ringen,
Weil man auf ihm auch fahr so geschwind,
Darzu ohn Segel und ohn Wind.
Der Einzug war lustig zu schauen,
Beides von Mannen und von Frauen.
Und gleichwie Hoffnung sie ergetzt,

Vor, als das Schiff sich hat geletzt,
Also freut sie itzund viel mehr
Die vollbracht' Schiffahrt und ihr Ehr.
Sie sprachen: „Nun wird man am Rhein
Der Eidgenossen stets eingedenk sein,
Man wird dennoch von Zürchern sagen,
Daß sie zu Land und zu Schiff sich wagen,
Und das gewiß Zürch müss' sein glückselig
Und Straßburg gewiß nicht unglückselig,
Dieweil die Straß auf Straßburg ie
Ganz glückhaft sei, wie man spürt hie.
. . . Drum wir die Aar und Limmat preisen,
Die uns den Rhein zum Nachbarn weisen,
. . . Und Gott gab, daß die Nachbarschaft
So lang in Freundschaft bleib verhaft,
So lang die Ström' zusammenfließen
Und untereinander sich begrüßen!
. . . Nun, es will mir auch Abend werden,
Mein Stern neigt sich nun auch zur Erden;
Apollo, der Poeten Freund,
Will auch nit wieder kommen heunt,
Merkurius, der Redkunst hold,
Blinzelt, als ob er schlafen wollt.
. . . Ich aber hab ein Glücksschiff beschrieben,
Welchs das Glück selber hat getrieben.
. . . Hiemit schütz Gott die Eidgenoßschaft
Und ihre liebe Nachbarschaft!

Friedrich von Spee.

59. Lob Gottes aus der Schöpfung.

In lauter grüne Seiden gar zierlich ausgebreit
Das Erdreich sich tut kleiden zur werten Sommerzeit.
Die Pflänzlein in den Felden sich lieblich mutzen auf,
Die grüne Zweig in Wälden auch schlagen aus mit Hauf.
O Mensch, ermeß im Herzen dein,
Wie wunder muß der Schöpfer sein!

In Gärten merk ich eben die schöne Blümelein,
Wie freudig sie da schweben, wann Wind nur spielt hinein;
O, fröhlich Gartenjugend! O, frisch und zartes Blut!
Ohn Zahl hast Farb und Tugend, wer's denkt in stillem Mut.
O Mensch, ermeß im Herzen dein,
Wie wunder muß der Schöpfer sein!

Die Brünnelin sich ergießen, und ihre Wässer klar
Wie Silberstrahlen schießen von Felsen offenbar:
Die Sonn es bald erblicket, drin kühlet ihren Schein;
Die Tier es auch erquicket, wann s' heiß und dürstig sein.
O Mensch, ermeß im Herzen dein,
Wie wunder muß der Schöpfer sein!

Frisch hin und her gehn wanken die klare Bächlein krumm
Und mit den Steinlein zanken, wann s' müssen fließen um.
Allweg sie süßlich sausen, zum Sang und Gang gewohnt,
Das ganze Jahr ohn Pausen man höret ihren Ton.
O Mensch, ermeß im Herzen dein,
Wie wunder muß der Schöpfer sein!

Wer will die Bäum nun zählen in jen und jenem Wald?
Sind deren doch ohn Fehlen so tausend-, tausendfalt;
Gar hoch die Gipfel klimmen in klaren Luft hinauf
Und gleich den Wolken schwimmen, wann stoßt ein Windlein drauf.
O Mensch, ermeß im Herzen dein,
Wie wunder muß der Schöpfer sein!

Wenn dann schallt auf den Zweigen Gesang der Vögelein,
Noch Laut', noch Harf, noch Geigen klingt also süß und rein.
Ihr lieblich Musizieren mich dünkt so sauber gut,
Ihr künstlichs Kolorieren bringt lauter Freudenmut.
O Mensch, ermeß im Herzen dein,
Wie wunder muß der Schöpfer sein!

Die Nachtigall ob allen steigt immer auf und auf,
Gar freudig tut's erschallen, wann's geht in vollem Lauf.
Man sagt, daß etlich starben, zu hoch wann's wollten gahn
Und mit zu starken Farben ihr Stimmlein streichen an.
O Mensch, ermeß im Herzen dein,
Wie wunder muß der Schöpfer sein!

O, Schönheit der Naturen! o Wunderlieblichkeit!
O, Zahl der Kreaturen, wie streckest dich so weit!
Wer wollt dann je nicht merken des Schöpfers Herrlichkeit
In allen seinen Werken ganz voller Zierlichkeit!
O Mensch, ermeß im Herzen dein,
Wie wunder muß der Schöpfer sein!

Martin Opitz.

60. Aus dem Buch von der deutschen Poeterei.

Die Tragödie ist an der Majestät dem heroischen Gedichte gemäße, ohne daß sie selten leidet, daß man geringen Standes Personen und schlechte Sachen einführe: weil sie nur von königlichem Willen, Totschlägen, Verzweiflungen, Kinder- und Vatermörden, Brande, Blutschanden, Kriege und Aufruhr, Klagen, Heulen, Seufzen und dergleichen handelt. Von derer Zugehör schreibet vornehmlich Aristoteles und etwas weitläuftiger Daniel Heinsius, die man lesen kann.

Die Komödie bestehet in schlechtem Wesen und Personen, redet von Hochzeiten, Gastgeboten, Spielen, Betrug und Schalkheit der Knechte, ruhmredigen Landsknechten, Buhlersachen, Leichtfertigkeit der Jugend, Geize des Alters, Kupplerei und solchen Sachen, die täglich unter gemeinen Leuten vorlaufen. Haben derowegen die, welche heutiges Tages Komödien geschrieben, weit geirret, die Kaiser und Potentaten eingeführet; weil solches den Regeln der Komödien schnurstracks zuwider lauft.

Zu einer Satire gehören zwei Dinge: die Lehre von guten Sitten und ehrbarem Wandel, und höfliche Reden und Scherzworte. Ihr Vornehmstes aber und gleichsam als die Seele ist die harte Verweisung der Laster und Anmahnung zu der Tugend: welches zu vollbringen sie mit allerlei stachligen spitzfindigen Reden, wie mit scharfen Pfeilen, um sich scheußt. Und haben alle satirische Skribenten zum Gebrauche, daß sie ungescheuet sich vor Feinde aller Laster angeben und ihrer besten Freunde, ja ihrer selbst auch nicht verschonen, damit sie nur andere bestechen mögen: wie es denn alle drei, Horatius, Juvenalis und Persius meisterlich an den Tag gegeben .....

In den Elegien hat man erstlich nur traurige Sachen, nachmals auch Buhlergeschäfte, Klagen der Verliebten, Wünschung des Todes, Briefe, Verlangen nach den Abwesenden, Erzählung seines eigenen Lebens und dergleichen geschrieben; wie dann die Meister derselben, Ovidius, Propertius, Tibullus, Sannazar, Secundus, Lotichius und andere ausweisen ....

Hymni oder Lobgesänge waren vorzeiten, die sie ihren Göttern vor dem Altare zu singen pflagen, und wir unserm Gott singen sollen. Dergleichen ist der Lobgesang, den Heinsius unserem Erlöser, und der, den ich auf die Christnacht geschrieben habe. Wiewohl sie auch zuzeiten was anders loben; wie bei dem Ronsard ist der Hymnus der Gerechtigkeit, der Geister, des Himmels, der Sternen, der Philosophie, der vier Jahreszeiten, des Goldes rc .....

Die Lyrica oder Gedichte, die man zur Musik sonderlich gebrauchen kann, erfodern zuförderst ein freies, lustiges Gemüte und wollen mit schönen Sprüchen und Lehren häufig gezieret sein wider der andern Carminum Gebrauch, da man sonderliche Maße wegen der Sentenze halten muß, damit nicht der ganze Körper unserer Rede nur lauter Augen zu haben scheine, weil er auch der andern Glieder nicht entbehren kann. Ihren Inhalt betreffend, saget Horatius:

Musa dedit fidibus divos puerosque deorum
Et pugilem victorem et equum certamine primum,
Et juvenum curas, et libera vina referre*).

Er will so viel zu verstehen geben, daß sie alles, was in ein kurz Gedichte kann gebracht werden, beschreiben können: Buhlerei, Tänze, Bankete, schöne Menscher, Gärte, Weinberge, Lob der Mäßigkeit, Nichtigkeit des Todes, rc. Sonderlich aber Vermahnung zu der Fröhlichkeit, welchen Inhalts ich meiner Oden eine zu Beschließung dieses Kapitels setzen will:

Ode.

Ich empfinde fast ein Grauen,
Daß, ich, Plato, für und für
Bin gesessen über dir:
Es ist Zeit, hinaus zu schauen
Und sich bei den frischen Quellen
In dem Grünen zu ergehn,
Wo die schönen Blumen stehn
Und die Fischer Netze stellen.

Wozu dienet das Studieren,
Als zu lauter Ungemach?
Unterdessen läuft die Bach
Unsers Lebens, das wir führen,
Ehe wir es inne werden,
Auf ihr letztes Ende hin:
Dann kömmt — ohne Geist und Sinn —
Dieses alles in die Erden.

---

*) Zu deutsch:
Auf den Saiten die Götter zu feiern und Söhne der Götter
Lehrte die Muse, den Kämpfer der Faust und das siegende Rennpferd,
Auch der Jünglinge Kummer, den Wein und frohe Gelage.

Holla, Junger, geh und frage,
Wo der beste Trunk mag sein:
Nimm den Krug und fülle Wein!
Alles Trauern, Leid und Klage,
Wie wir Menschen täglich haben,
Eh uns Klotho fortgerafft,
Will ich in den süßen Saft,
Den die Traube gibt, vergraben!

Kaufe gleichfalls auch Melonen
Und vergiß des Zuckers nicht,
Schaue nur, daß nichts gebricht!
Jener mag der Heller schonen,
Der bei seinem Gold und Schätzen
Tolle sich zu kränken pflegt
Und nicht satt zu Bette legt;
Ich will, weil ich kann, mich letzen!

Bitte, meine gute Brüder:
Auf die Musik und ein Glas!
Nichts schickt, dünkt mich, nichts sich baß,
Als gut Trank und gute Lieder.
Laß ich schon nicht viel zu erben,
Ei, so hab ich edlen Wein;
Will mit andern lustig sein,
Muß ich gleich alleine sterben.

Andreas Gryphius.

61. Szenen aus dem Scherzspiel „Horribilicribrifax“.

1. Antonia und Selene.

Antonia. Liebes Kind, es ist nicht ohn, ich bin deine Mutter und wollte bei dir tun, was einer ehrliebenden Frauen und Mutter zustehet: du bleibest aber auf deinem Kopf und willst gutem Rate nicht folgen. Du weißt, unsere Mittel sind in dem Kriege zerronnen: wir stecken in Schulden, und so es entdeckt wird, verlieren wir unser übriges Kredit. Die Kleider, Perlen und Geschmeide, in welchen du hereingehest, gehören meiner Schwester, welche sie eher wird abzufordern wissen, als uns vielleicht lieb sein möchte. Du weißt, daß wir über zwei ganze Hemde nicht in unserm Vermögen haben. Wer dich von oben besiehet, sollte wohl meinen, wir hätten den ganzen Spitzekram von Brüssel erbeigen. Wer aber etwas genauer auf uns acht gibet, wird wohl erkennen, daß nicht alles Gold, was gleißet. Du bist nicht die Jüngste; unter den Schönsten wird man dich nicht verlieren; und ich weiß aufs beste, was hin und wieder an dir zu meistern; auf Fürsten darfst du nicht hoffen. Das Küh- und Schaffleisch gilt itzt schier mehr als Jungfernfleisch. Drumb siehe vor dich und hilf dir und mir durch eine glückliche Wahl.

Selene. Frau Mutter! wohl bedacht, hat niemand Schaden bracht. Ich muß mit dem Manne leben, nicht Ihr. Es ist bald genommen, aber nicht so leicht davonzukommen.

Antonia. Was mangelt Possidonio? Er ist reich, von hohem Ansehen, im blühenden Alter, hat vornehme Freunde, stehet wohl zu Hofe und liebet dich von ganzer Seele.

Selene. Hu! Frau Mutter, sollt ich meine Zeit mit dem wunderlichen Kopfe zubringen? Lieber hättet Ihr mich in dem ersten Bade ertränkt.

Antonia. Man wird dir malen müssen, was dir tügen solle. Kleander, der dich vor begehret, da er in geringerm Stande, will dich jetzt nicht, da er gestiegen, durch einen zubrochenen Zaun ansehen. Was werden wir an Palladio zu tadeln haben? Du siehest, wie dessen Glück zu blühen beginnet.

Selene. Wohl, Frau Mutter! weil es blühet, so mag es reif werden! Gelehrte: Verkehrte. Ein Gebündlein Bücher und ein Paketlin Kinder ist ihre ganze Verlassenschaft. Was kann eine Dame von Qualität vor Contentament haben bei einem solchen Menschen? Des Morgens um vier, oder auch eher, aus dem Bette und unter die Bücher, von dannen auf den Hof, in die Kirche oder zu den Kranken. Sie träumen an der Tafel oder belegen die Teller wohl gar mit Briefen. Den ganzen Tag steckt ihnen der Kopf voll Mäusenester, und (was der Teufel gar ist) wenn sie um 12 Uhr wiederum zu Bette kommen, so schlagen sie sich mit tollen Gedanken, machen Verse oder schicken die fünf Sinne gar in Ostindien. Unsere alte Waschemagd, die schwarze Dorabella, welche lange bei einem Königlichen Rat in Diensten gewesen, hat mich mit Eid und Tränen versichert, daß eine Bauer-Greta viel besser sich auf dem Strohsack befinde, als des gelehrten Mannes Frau auf Schwanenfedern.

Antonia. Sie sind nicht alle solche Träumer. Unsere Schwägerin, Frau Sulpitia, hat sich noch niemals beklagt: sie hat die Kasten voll, das Haus beschicket, die Schüttboden versehen, die Keller sonder Mangel, die Küchen stets leuchtend.

2. Cölestina und Camilla, ihre Kammerjungfer.

Cölestina. Die törichte Närrin dorfte sich unterstehen, mir dergleichen Briefe einzuliefern!

Camilla. Laßt uns doch sehen, wie und von wem er geschrieben!

Cölestina. Da ist er, leset ihn, Camilla!

Camilla. Wenn er von Herren Palladio geschrieben wäre, würde Cyrille vielleicht eine bessere Belohnung darvon getragen haben.

Cölestina. Was saget Ihr?

Camilla. Ich verwundere mich, daß die Ausschrift so schön gestellet: „Dem himmlischen auf der Erden scheinenden Nordstern meiner Sinnen, dem großen Bären meines Verstandes, der einzigen Subtilität und höchstem Enti meiner Metaphysika, der würdigsten Natur in der ganzen Physika, dem höchsten Gut aller Ethikorum, der beredtsamsten Phöbussin dieser Welt, der zehenten Musä, andern Veneri, vierten Chariti und letzten Parzä meines Verhängnisses, dem hochedlen wohlgebornen Fräulein Cölestine, meiner glorwürdigsten Gebieterin, ad proprias."

Cölestina. Es blicket wohl an dem Gesang, was es für ein Vogel sein muß.

Camilla. „Si vales, bene est, ego autem valeo, sagt Cicero. Ich hergegen, o Ihr einiger Schleifstein meines Verstandes."

Cölestina. Es wird ein Messerschmied oder Glasschneider sein, weil er von schleifen redet.

Camilla. „Si vales, bene est: ego autem non valeo, das ist, ich ägrotiere, melancholisiere, decumbiere, languiere", es sind mehr fremde Worte hierinnen, die ich nicht wohl lesen kann.

Cölestina. Vielleicht ist es türkisch oder griechisch; laßt uns das überschlagen.

Camilla. Verstehen wir doch das Lateinische nicht.

Cölestina. Woher könnet Ihr aber so wohl Lateinisch lesen?

Camilla. Ich habe in meiner Jugend in einem Kloster Seidenstücken gelernt; da hab ich aus Kurzweil diese Kunst von den Jungfrauen begriffen. Nun, Sie höre weiter: „Ich languiere in dem Hospital der Liebe, in welches mich Eure grausame Schönheit einfurieret, und wie ein Kranker sich nach nichts sehnet als nach seinem Arzt, ita ego vehementer opto nur einen Anblick Eurer Clementz, welchen Ihr doch Hunden und Katzen nicht mißzugönnen pfleget. Widrigen Falls gehet der Schneider schon zu Werke, meiner Hoffnung, die nichts hat als Pein und Knochen, ein Trauerkleid zu machen; weil ich gänzlich entschlossen bin, mit dem ersten Schiff, welches Charon nach den Campis Elysiis abgehen lassen, mich von hier dahin zu begeben, ubi veteri respondet amore Sichaeus. Dieses, wo Euch möglich, verhütet und seid gegrüßet von

dem, der die Erde küsset, auf welcher das Gras gewachsen, welches der Ochse aufgessen, aus dessen Leder Eure Schuchsohlen geschnitten.

Titus Sempronius, Caji Filius, Cornelii Nepos, Sexti Abnepos."

Cölestina. Ach, armseliger Semproni! willst du vor großem Alter gar kindisch werden!

Camilla. Ja wohl, armseliger Semproni! warum bist du nicht Palladius! Was wollen wir aber mit dem Briefe tun?

Cölestina. Stellet ihn unserm Koch zu; denn weil er so voll feuriger Gedanken, können wir etwas Holz zu dem Braten ersparen.

Camilla. Ich fürchte fürwahr, er würde mit seiner Kälte alles Feuer in der ganzen Küchen auslöschen.

3. Daradiridatumdarides und Horribilicribrifax

[zwei abgedankte Offiziere, die aus Eifersucht zusammengeraten].

Horrib. Und wenn du mir bis in den Himmel entwichest und schon auf dem linken Fuß des großen Bären säßest, so wollte ich dich doch mit dem rechten Spornleder erwischen und mit zweien Fingern in den Berg Ätna werfen.

Daradir. Garde vous, Follastreau! meinest du, daß ich vor dir gewichen? Und wenn du des großen Carols Bruder, der große Roland selbst, und mehr Taten verrichtet hättest als Scanderbeck, ja in die Haut von Tamerlanes gekrochen wärest, solltest du mir doch keine Furcht einjagen.

Horrib. Ich? ich will dir keine Furcht einjagen, sondern dich in zweiundsiebenzigmal hunderttausend Stücke zersplittern, daß du in einer See von deinem eignen Blut ersticken sollest. Io ho vinto l'inferno e tutti i Diavoli.

Daradir. Ich will mehr Stücker von dir hauen als Sternen jetzund an dem Himmel stehen, und will dich also traktieren, daß das Blut von dir fließen soll, bis die oberste Spitze des Kirchturmes darinnen versunken.

Horrib. Per non lasciar piu oltre passar questa superba arroganza, will ich die ganze Belägerung von Troja mit dir spielen.

Daradir. Und ich die Zerstörung von Konstantinopel.

Horrib. Io spiro morte e furore, doch lasse ich dir noch so viel Zeit, befiehl deine Seele Gott und bete ein Vaterunser!

Daradir. Sprich einen Englischen Gruß und hiermit stirb!

Horrib. Du wirst zum wenigsten die Reputation in deinem Tode haben, daß du von dessen unüberwindlicher Faust gestorben, der den König in Schweden niedergeschossen.

Daradir. Tröste dich mit dem, daß du durch dessen Hand hingerichtet wirst, der dem Tilly und Pappenheim den Rest gegeben.

Horrib. So hab ich mein Schwert ausgezogen in der Schlacht vor Lützen.

Daradir. Morbleu, me voila en colere! mort de ma vie! je suis faché per ma foie. So hab ich zur Wehre gegriffen in dem Treffen vor Nerglingen.

Horrib. Eine solche Positur machte ich in der letzten Niederlage vor Leipzig.

Daradir. So lief ich in den Wallgraben, als man Glogau hat einbekommen.

Horrib. Ha, ha! ist Er nicht questo capitano, mit dem ich Kugeln wechselte bei der Gula?

Daradir. O! ist Er nicht derjenige Seigneur, mit dem ich Brüderschaft machte zu Schlichtigheim?

Horrib. Ha, monsigneur mon frere!

Daradir. Ha! fratello mio illustrissimo!

Horrib. Behüte Gott, welch ein Unglück hätte bald geschehen sollen!

Daradir. Welch ein Blutvergießen, massacre und strage, wenn wir einander nicht erkannt hätten!

Johann Balthasar Schupp.

62. Aus dem „Deutschen Lehrmeister“.

Das Band der Vertraulichkeit und ungefärbten Freundschaft zwischen den beiden nordischen Helden war eben wieder fest gemachet. Das Kriegsfeuer war wieder gedämpfet, und die fremden Kriegsvölker, welche eine zeitlang Cimbrien überschwemmt hatten, wurden wieder abgeführet. Das Land fing an unter der schweren Kriegslast, womit es bishero gedrucket gewesen war, sich wieder aufzurichten und Atem zu schöpfen, als Antenor zu dem edeln Daphnis kam und bezeugte seine Condolenz, daß er bei diesen Waffen das Glück nicht gehabt habe, welches sinnreichen Poeten von großen Helden begegnet sei, welche immerdar darnach getrachtet haben, daß sie gute Poeten zu Freunden haben.

Daphnis seufzte zwar ein wenig, allein seiner gewöhnlichen Generosität nach vergaß er alles dieses Unglücks und empfing den Antenor sehr freundlich. Antenor dankte ihm höchlich und sagte: Hochgeliebter Bruder Daphnis, Seine schöne und geistreiche Meditationes von der verschmäheten Eitelkeit und der verlangten Ewigkeit haben mich über alle Maßen wohl contentieret. Ich bedanke mich vor Dero Communication sehr dienstlich und freundlich. Daß Er von diesem Manuskripto mein Judicium begehrt habe, halte ich vielmehr vor eine Höflichkeit als eine Notdurft. Ich bitte, Er wolle darin fortfahren und sonderlich alle Occasion suchen, aus der Patrum Graecorum et Latinorum herrlichen Schriften ein und ander geistreiches Liedlein in deutscher Sprach zu machen. Alles, was in ganz Deutschland Verstand und ein gesundes Judicium hat, wird erkennen, daß Ihm Gott sonderbare Gaben in der deutschen Poesie mitgeteilet habe . . . Mein hochgeehrter Herr tue es Gott zu Ehren, und gebe der christlichen Jugend ferner Anlaß sich in Eloquentia et Poesi Sacra zu üben. Ich habe meinem ältesten Sohn verehret die Sonntagslieder, welche mein hochgeehrter Herr mir überschicket hat, und habe mit eigener Hand dabei geschrieben und ernstlich dabei befohlen, daß er des Sonntags solle eins solcher Lieder für sich nehmen und eine deutsche Oration oder Meditation in Prosa daraus machen.

Mein Herr Daphnis, Er verdienet den Ruhm und die Ehre, daß Er sei ein Fürst unter den deutschen Poeten: Ich bitte Ihn, Er mache ein Compendium Theologicum, das da bestehe in lauter Liedern. Das ist gewiß, daß man besser im Gedächtnis behalte, was gesungen wird. D. Saccus schreibt, daß Kurfürst Jochim von Brandenburg zu ihm gesagt habe, er habe das meiste Stück seiner theologischen Wissenschaft geschöpft aus den Kirchengesängen, als: Durch Adams Fall ist ganz verderbt usw. Es ist das Heil uns kommen her usw. Cicero sagt, daß zu seiner Zeit die Leges XII Tabularum seien gesungen worden, damit sie das gemeine Volk besser behalten möge. Um eben dieser Ursachen willen haben die alten Deutschen ihrer Helden Taten in Lieder gefaßt und gesungen. Daher sind die Meistersinger kommen, welches deutsche Poeten gewesen sind.

Sonst bitte ich, Er wolle die hochlöbliche fruchtbringende Gesellschaft nach Standesgebühr in meinem Namen salutieren und sagen, daß ich dafür halte, daß die Intention der hochlöblichen Stifter dieser Gesellschaft gut gewesen sei. Allein sie sollen selbst erwägen, ob die Mittel, die sie bishero gebraucht haben, die deutsche Sprache zu befördern, allenthalben dienlich seien. Der tapfere Kriegsheld, der von N., hat seinen Esprit genugsam an Tag gegeben in Versetzung des verfolgten Davids und anderer Schriften. Allein, daß er alle fremde Wörter, welche die Bauern nicht mehr für fremd halten, hat wollen deutsch geben, darüber hab ich oftmals unter dem Lesen den Kopf geschüttelt. Unter andern nennet er sich an einem Ort, wo ich mich recht erinnere, Obergebietiger in Rostock. Wenn ich damals alle Bauern in ganz Mecklenburg gefragt hätte: „Wer ist Obergebietiger in

Rostock?" so würden sie sich verwundert und gesagt haben: „Obergebietiger? Obergebietiger? Was ist das für ein Ding?" Allein, wenn ich gefragt hätte: „Wer ist Kommandant in Rostock?" so würde jedermann geantwortet haben: „N. von N., der ehrliche, tapfere Kavalier, ist Kommandant."

Ich versichere meinen hochgeehrten Herrn, daß darin die Zierlichkeit der deutschen Sprache nicht bestehe, und wann sie auch schon darin bestünde, so frage ich die hochlöbliche fruchtbringende Gesellschaft, was mit diesen grammatikalischen Dingen, sonderlich mit der deutschen Orthographia, damit sich etliche Leute wollen groß machen, dem römischen Reich und der deutschen Nation gedienet sei. Ich frage, wie die alten Deutschen geredet haben zu der Zeit, als Kaiser Karl der Große das Schwert in Händen geführt und die Sachsen bezwungen hat. Im Hessenland ist ein Prokurator gewesen, genannt der dicke Lorenz, welcher sich der Zierlichkeit im deutschen Reden sonderlich hatte befleißigen wollen. Einsmals hatte er zu seinem Jungen sagen wollen: „Jung, hole mir mein Messer!" Damit er nun kund mache, daß ein Unterschied sei zwischen ihm und einem gemeinen hessischen Bauern, hat er gesagt: „Page, bringe mir mein brotschneidendes Instrument!" Einsmals hatte er zu seiner Frauen sagen wollen: „Frau, es hat neun geschlagen, gehe zu Bett, ich hab noch etwas zu tun!" Damit nun die Frau wisse, daß er ein hessischer Cicero sei, hatte er gesaget: „Du Hälfte meiner Seelen, du mein ander Ich, meine Gehilfin, meine Augenlust, das gegossene Erz hat den neunten Ton von sich gegeben, erhebe dich auf die Säulen deines Körpers und verfüge dich in das mit Federn gefüllte Eingeweide usw." Jener Phantast wollte zu seinem Jungen sagen, daß er ihm die Stiefeln ausziehen sollte, da sagte er: „Du, der du geringer bist als ich, entledige meinen Unterteil des Leibes von der übergezogenen anatomierten Haut!" Ich muß solcher Phantasten oft von Herzen lachen. Ich habe noch jüngst einen Traktat gelesen eines hochgelahrten Kaninichens, das sich einbildet, daß es alle philosophische und philologische Weisheit mit Löffeln gefressen habe, das saget an einem Ort: die „bunten Luftkinder fingen an zu musizieren", das soll soviel heißen: die Vögel fingen an zu singen.

Es hat ein jegliche Sprach ihren eigenen Genium. Daher der weise Karl der Fünfte sagte, wann er mit dem Frauenzimmer reden wolle, so wolle er französisch reden, denn es sei eine liebliche Sprach; wann er mit Königen reden wolle, so wolle er italienisch oder spanisch reden, denn es seien majestätische Sprachen; wann er mit seinen Feinden reden wolle, so wolle er deutsch reden. Es lautet oftmals in französischer Sprach etwas sehr wohl. Wenn man es aber von Wort zu Wort in die deutschen Sprach versetzen soll, so klingt es eben wie ein Instrument, das nicht gestimmt ist.

Es ist die Weisheit an keine Sprach gebunden. Warum sollte ich nicht in deutscher Sprache ebensowohl lernen können, wie ich Gott erkennen, lieben und ehren solle, als in lateinischer? Warum sollte ich nicht ebensowohl in deutscher Sprache lernen können, wie ich einem Kranken helfen könne, auf deutsch, als auf griechisch oder arabisch? Die Franzosen und Italiener lehren und lernen alle Fakultäten und freien Künste in ihrer Muttersprache. Es ist mancher Kardinal, mancher große Prälat in Italien, welcher nicht Latein reden kann . . .

Wenn ich meine verlorene Zeit wieder herbeibringen und noch einmal Professor eloquentiä auf einer Universität werden könnte, so wollte ich mich bemühen, daß die Jugend in der Wohlredenheit angeführet würde in ihrer Muttersprache. Denn in ihrer Muttersprache könnten sie leichter zur Perfektion gebracht werden als in einer fremden Sprache. Cicero hätte lange reden müssen, wenn er zu der Perfektion hätte kommen sollen in der griechischen Sprache, zu welcher er in der lateinischen als in seiner Muttersprache kam. Es waren damals wenig Ratsherren zu Rom, welche die griechische Sprache verstunden. Warum tun wir Deutschen heutiges Tages nicht dergleichen? Wenn ein Kavalier oder ein Kanzler wird als ein Legat zu dem römischen Kaiser oder den Kurfürsten und Ständen des

Reichs geschicket, so muß er seinen Vortrag tun, nicht in lateinischer, sondern in deutscher Sprache. Wenn der vornehmste Jurist etwas zu Speier vorbringen will, muß er's tun in deutscher Sprache. Wann Prälaten, Ritter und Stände eines ganzen Fürstentums auf einen Landtag zusammenkommen, muß alle Notdurft überleget werden in deutscher Sprache.

Als Philipps der Großmütige, Landgraf zu Hessen, den Herzogen von Württemberg wieder in sein Land gesetzt hatte, welches er etzliche Jahre lang mit dem Rücken hatte ansehen müssen, da hatte er versprochen, er wolle zu mehrerer Bezeugung guter Affektion und aufrichtiger Freundschaft dem Herzogen eine Summa Geldes vorschießen und lehnen, damit er seinen Estat wieder formieren könne. Der Herzog von Württemberg hatte seinen ehrlichen Beuterich ins Hessenland geschicket, daß er den großmütigen Landgraf Philipsen an seine Zusag erinnere. Beuterich, als ein durchtriebener und erfahrener Politikus, hatte wohl gewußt, was das sei, wenn man von großen Herren Geld entlehnen wolle. Wenn man sie umb eine Tochter ansprechen will, so wird noch wohl ein Abgesandter krank oder halbtot gesoffen. Allein wenn man Geld begehret, so siehet gemeiniglich Herr und Knecht sauer aus. Als nun der sinnreiche Beuterich sich auf eine weitläufige Oration gefaßt gemachet, ist der große hessische Held, welcher allezeit mehr von Werken als Worten gehalten, ihm ins Wort gefallen und hatte gesagt: „Nun, nun! meinen Dienst und Gruß zuvor, besonders günstiger lieber Herr und werter Freund. Was mehr?“ Beuterich hatte alsbald eine Resolution gefaßt, seinen Schulsack auf Seit zu werfen, und hatte mit kurzen Worten gesagt: „Gnädiger Fürst und Herr, wir hätten gerne Geld!“ — „Wieviel?“ hatte der Fürst gesagt. „Hundettausend Gulden!“ — „Es ist zu viel, ich will euch die Hälfte geben!“ Beuterich hatte mit einer tiefen Reverenz geantwortet: „Mein gnädiger Fürst und Herr wird es mit großem Dank annehmen und erkennen.“ Damit war die ganze Sache klar gewesen.

Ich kenne einen vornehmen Kavalier, der war im

Namen einer Armee in Holland geschickt worden zu sollizitieren umb Pulver, daran die Armee großen Mangel gehabt hatte. Als ihm nun mit vielen Komplimenten und großer Aufwartung bei der Tafel war begegnet worden, da hatte er gesagt: „Meine Herren, was weniger Ehr und mehr Pulver!“ Und mit diesen wenigen Worten hatte er mehr ausgerichtet, als wenn er die ganze politische Postill aus seines Herrn Archiv bei sich gehabt hätte.

Mein Herr Daphnis schaffe uns deutsche Virgilios und sehe doch, daß den gemeinen Reimenreißern gesteuert werde, welche bei Hochzeiten und Leichbegängnissen Vers umbs Geld machen, darin weder Salz noch Schmalz ist, und wollen gleichwohl für Poeten gehalten sein. Ich gehe unterweilens zur Leich; wenn ich nun vor diesem nach Haus kam und müd war, zohe ich die deutsche Vers aus dem Sack und gedachte: „Wer ist, der uns dieses Liedlein sang? es war der alte Hermann, das Podagra ihn plaget, ja plaget.“ Wenn ich solche Ding unterweilens lese, fällt es mir in die Beine, daß ich besorge, ich bekomm noch einmal das Podagra davon. Wann etwa ein Schneider stirbt und seine Wittib schickt einem solchen Poeten ein paar Reichstaler, so macht er alsbald ein deutsch Carmen in Folio und klagt den Tod an als einen Tyrannen und macht ihn aus wie einen Beutelschneider, daß er dieses edlen Schneider-Christs mit seiner Sensen nicht verschonet hat, sondern hat ihn aus dem Land der Lebendigen gerissen, da noch Hoffnung vor ihn gewesen, daß er ein Mann werde werden, wie Kavalier Güldenscher usw. . . . Daphnis sagte hierauf, die rechte Ursach, daß etliche der heutigen deutschen Poeten, wie sie sich nennen lassen, so schlechte, armselige Verse machten, wäre nicht derselben Faulheit oder Müßiggang, sondern den gegenwärtigen traurigen und trübseligen Zeiten zuzuschreiben . . . Bei der itzigen Welt würden allein diejenigen Künste hochgehalten, von denen man guten Gewinn zu erwarten, und nicht die, so zur Ergetzung gereichten. Und mußten nicht wenig, denen die Gabe der Poeterei mitgeteilt worden, wegen des Maulfutters auf andere Wissenschaften, welche mehr eintrügen, sich begeben. Und möchte ihnen das Herz im Leibe zerbersten, daß sie erfahren müssen, wie unterschiedlich viel Poeten bei dieser Zeit seien teils aus Armut gestorben, teils wegen Mangel allerhand Lebensmittel fast rasend worden. . . .

Daphnis wollte weiter reden, allein es wurde ihm angemeldet, daß eine Kutsche voll fremder Leut da wären, die ihn besuchen wollten. Daphnis bat Antenor umb Verzeihung, daß er von ihm abgehen und diese Gäste empfangen müßte, es wäre ihm sehr zuwider, daß sie in diesem ihrem Gespräch itzt müßten abbrechen und demselben machen ein

ENDE.

Gottfried Wilhelm Freiherr von Leibnitz.

63. Aus den „Unvorgreiflichen Gedanken betreffend die Ausübung und Verbesserung der deutschen Sprache".

Ich finde, daß die Deutschen ihre Sprache bereits hoch bracht in allen dem, so mit den fünf Sinnen zu begreifen und auch dem gemeinen Mann fürkommet, absonderlich in leiblichen Dingen, auch Kunst- und Handwerkssachen, weil nämlichen die Gelehrten fast allein mit dem Latein beschäftiget gewesen und die Muttersprache dem gemeinen Lauf überlassen, welche nichts desto weniger auch von den sogenannten Ungelehrten nach Lehre der Natur gar wohl getrieben worden. Und halt ich dafür, daß keine Sprache in der Welt sei, die zum Exempel von Erz und Bergwerken reicher und nachdrücklicher rede, als die deutsche. Dergleichen kann man von allen andern gemeinen Lebensarten und Professionen sagen, als von Jagd- und Weidwerk, von der Schiffahrt und dergleichen. Wie dann alle die Europäer, so aufm großen Weltmeer fahren, die Namen der Winde und viel andere Seeworte von den Deutschen, nämlich von den Sachsen, Normannen, Osterlingen und Niederländern entlehnet.

Es ereignet sich aber einiger Abgang bei unserer Sprache

in denen Dingen, so man weder sehen noch fühlen, sondern allein durch Betrachtung erreichen kann, als bei Ausdrückung der Gemütsbewegungen, auch der Tugenden und Laster und vieler Beschaffenheiten, so zur Sittenlehr und Regierungskunst gehören: dann ferner bei denen noch mehr abgezogenen und abgefeimten Erkenntnissen, so die Liebhaber der Weisheit in ihrer Denkkunst und in der allgemeinen Lehre von den Dingen unter dem Namen der Logik und Metaphysik auf die Bahne bringen, welches alles dem gemeinen deutschen Mann etwas entlegen und nicht so üblich, dahingegen der Gelehrte und Hofmann sich des Lateins oder anderer fremden Sprachen in dergleichen fast allein, und insoweit zu viel beflissen: also, daß es denen Deutschen nicht am Vermögen, sondern am Willen gefehlet, ihre Sprache durchgehends zu erheben. Denn weil alles, was der gemeine Mann treibet, wohl in Deutsch gegeben, so ist kein Zweifel, daß dasjenige, so vornehmen und gelehrten Leuten mehr fürkommt, von diesen, wenn sie gewollt, auch sehr wohl, wo nicht besser, in reinem Deutsch gegeben werden können.

Nun wäre zwar dieser Mangel bei denen logischen und metaphysischen Kunstwörtern noch in etwa zu verschmerzen, ja ich habe es zu Zeiten unserer ansehnlichen Hauptsprache zum Lobe angezogen, daß sie nichts als rechtschaffene Dinge sage und ungegründete Grillen nicht einmal nenne. Daher ich bei denen Italienern und Franzosen zu rühmen gepfleget, wir Deutsche hätten einen sonderbaren Probierstein der Gedanken, der andern unbekannt. Und wann sie dann begierig gewesen, etwas davon zu wissen, so habe ich ihnen bedeutet, daß es unsere Sprache selbst sei. Denn was sich darin ohne entlehnte und ungebräuchliche Worte vernehmlich sagen lasse, das seie wirklich was Rechtschaffenes; aber leere Worte, da nichts hinter und gleichsam nur ein leichter Schaum müßiger Gedanken, nehme die reine deutsche Sprache nicht an. . . . Hat es demnach die Meinung nicht, daß man in der Sprach zum Puritaner werde und mit einer abergläubischen Furcht ein fremdes, aber bequemes Wort als eine Todsünde vermeide, dadurch aber sich selbst entkräfte und seiner Rede den Nachdruck nehme, denn solche allzugroße Scheinreinigkeit ist einer durchbrochenen Arbeit zu vergleichen, daran der Meister solange feilet und bessert, bis er sie endlich gar verschwächet, welches denen geschieht, die an der Perfektie-Krankheit, wie es die Holländer nennen, darnieder liegen. . . . . .

Also ist auch gewiß, daß einige der Herrn Fruchtbringenden und Glieder der andern deutschen Gesellschaften hierin zu weit gegangen und dadurch andere gegen sich ohne Not erreget, zumal sie den Stein auf einmal heben wollen und alles Krumme schlecht zu machen gemeinet, welches wie bei ausgewachsenen Gliedern ohnmöglich.

Anitzo scheinet es, daß bei uns übel ärger worden, und hat der Mischmasch abscheulich überhand genommen, also daß die Prediger auf der Kanzel, der Sachwalter auf der Kanzlei, der Bürgersmann im Schreiben und Reden mit erbärmlichen Französischen sein Deutsches verderbet; mithin es fast das Ansehen gewinnen will, wann man so fortfähret und nichts dargegen tut, es werde Deutsch in Deutschland selbst nicht weniger verloren gehen, als das Engelsächsische in Engelland.

Gleichwohl wäre es ewig Schade und Schande, wenn unsere Haupt- und Heldensprache dergestalt durch unsere Fahrlässigkeit zu grunde gehen sollte, so fast nichts Gutes schwanen machen dörfte; weil die Annehmung einer fremden Sprache gemeiniglich den Verlust der Freiheit und ein fremdes Joch mit sich geführet.

Es würde auch die unvermeidliche Verwirrung bei solchem Übergang zu einer neuen Sprache hundert und mehr Jahr über dauern, bis alles Aufgerührte sich wieder gesetzet und wie ein Getränke, so gegoren, endlich aufgekläret. Da inzwischen von der Ungewißheit im Reden und Schreiben notwendig auch die deutschen Gemüter nicht wenig Verdunkelung empfinden müssen, weilen die meisten doch die Kraft der fremden Worte eine lange Zeit über nicht recht fassen, also elend schreiben und übel denken würden. Wie dann die Sprachen nicht anders als bei einer einfallenden Barbarei oder Unordnung oder fremder Gewalt sich merklich verändern.

Gleichwie nun gewissen gewaltsamen Wasserschüssen und

Einbrüchen der Ströme nicht sowohl durch einen steifen Damm und Widerstand, als durch etwas, so anfangs nachgibt, hernach aber allmählich sich setzet und fest wird, zu steuern, also wäre es auch hierin vorzunehmen gewesen. Man hat aber gleich auf einmal den Lauf des Übels hemmen und alle fremde, auch sogar eingebürgerte Worte ausbannen wollen. Dawider sich die ganze Nation, Gelehrte und Ungelehrte gesträubet und das sonsten zum Teil gute Vorhaben fast zu Spott gemacht, daß also auch dasjenige nicht erhalten worden, so wohl zu erlangen gewesen, wann man etwas gelinder verfahren wäre.

Wie es mit der deutschen Sprach hergangen, kann man aus den Reichsabschieden und andern deutschen Handlungen sehen. Im Jahrhundert der Reformation redete man ziemlich rein deutsch, außer weniger italienischer, zum Teil auch spanischer Worte, so vermittelst des kaiserlichen Hofes und einiger fremder Bedienten zuletzt eingeschlichen, dergleichen auch die Franzosen bei sich, Zeit der Katharina vom Haus Medices, gespüret und damals mit eignen Schriften geahndet. Solches aber, wann es mäßiglich geschieht, ist weder zu ändern, noch ebensosehr zu tadeln, zu Zeiten auch wohl zu loben, zumal wenn neue und gute Sachen zusamt ihren Namen aus der Fremde zu uns kommen. Allein wie der dreißigjährige Krieg eingerissen und überhand genommen, da ist Deutschland von fremden und einheimischen Völkern wie mit einer Wasserflut überschwemmt worden und nicht weniger unsere Sprache, als unser Gut in die Rabuse gangen, und siehet man, wie die Reichsakta solcher Zeit mit Worten angefüllt sind, deren sich freilich unsere Vorfahren geschämt haben würden . . . .

Der Grund und Boden einer Sprache, so zu reden, sind die Worte, darauf die Redensarten gleichsam als Früchte herfürwachsen. Woher dann folget, daß eine der Hauptarbeiten, deren die deutsche Hauptsprache bedarf, sein würde eine Musterung und Untersuchung aller deutschen Worte, welche, dafern sie vollkommen, nicht nur auf diejenige gehen soll, so jedermann brauchet, sondern auch auf die, so gewissen Lebensarten und Künsten eigen; und nicht nur auf die, so man Hochdeutsch nennet, und im Schreiben anitzo allein herrschen, sondern auch auf plattdeutsch, märkisch, obersächsisch, fränkisch, bayrisch, österreichisch, schwäbisch oder was sonst hin und wieder bei dem Landmann mehr als in den Städten bräuchlich; auch nicht nur, was in Deutschland in Übung, sondern was von deutscher Herkunft in Holl- und Engelländischen: worzu auch fürnehmlich die Worte der Norddeutschen, das ist der Dänen, Norwegen, Schweden und Isländer — bei welchen letztern sonderlich viel von unser uralten Sprach geblieben — zu ziehen: und letzlichen nicht nur auf das, so noch in der Welt geredet wird, sondern auch auf was verlegen und abgangen, nämlichen das Altgotische, Altsächsische und Altfränkische, wie sich's in uralten Sprüchen und Reimen findet, daran der treffliche Opitz selbst zu arbeiten gut gefunden.

Der rechte Probierstein des Überflusses oder Mangels einer Sprache findet sich beim Übersetzen guter Bücher aus andern Sprachen. Denn da zeiget sich, was fehlet oder was vorhanden; daher haben die Herren Fruchtbringenden und ihre Nachfolger wohlgetan, daß sie einige Übersetzungen vorgenommen, wiewohl nicht allemal das Beste ausgewählet worden.

Inzwischen ist gleichwohl diejenige Sprache die reichste und bequemste, welche am besten mit wörtlicher Übersetzung zurechte kommen kann und dem Original Fuß vor Fuß zu folgen vermag, und weiln bei der deutschen Sprache kein geringer Abgang hierin zu spüren, zumal in gewissen Materien, absonderlich da der Wille und willkürliches Tun der Menschen mit einläuft, so hätte man Fleiß daran zu strecken, daß man diesfalls andern zu weichen nicht mehr nötig haben möge.

Solches könnte geschehen durch Aufsuchung guter Wörter, die schon vorhanden, aber jetzo fast verlassen, mithin zu rechter Zeit nicht beifallen, wie auch ferner durch Wiederbringung alter verlegener Worte, so von besonderer Güte. Solches zu erreichen, wäre gewissen gelehrten Leuten aufzutragen, daß sie eine Besichtigung, Musterung und Ausschuß anstellen und desfalls in guten deutschen Schriften sich ersehen möchten, zu welchem Ende die Schriften des vorigen Seculi, die Werke Luthers und anderer Theologen, die alten Reichshandlungen, die Landesordnungen und Willküre der Städte, die alten Notariatbücher und allerhand geistliche und weltliche Schriften, sogar des Reineke Voß, des Froschmäuselers, des deutschen Rabelais, des übersetzten Amadis, des österreichischen Teuerdanks, des bayrischen Aventins, des schweizerischen Stumpfs und Paracelsi, des nürnbergischen Hans Sachsen und ander Landesleute nützlich zu gebrauchen.

So sollte ich auch dafür halten, daß in gewissen Schriften, so nicht wegen Geschäfte und zur Notdurft, auch nicht zur Lehre der Künste und Wissenschaften, sondern zur Zierde herauskommen, ein mehrer Ernst zu brauchen und wenige fremde Worte einzulassen sein. Denn gleichwie in einem sonst schönen deutschen Gedichte ein französisches Wort gemeiniglich ein Schandfleck sein würde, also sollte ich gänzlich dafürhalten, daß in den Schreibarten, so der Poesie am nächsten, als Romanen, Lobschriften und öffentlichen Reden, auch gewisser Art Historien und auch bei Übersetzungen aller solcher Werke aus fremden Sprachen, und Summa, wo man nicht weniger auf Annehmlichkeit als Notdurft und Nutzbarkeit siehet, man sich der ausländischen Worte soviel immer möglich enthalten solle.

Damit aber solches besser zu Werk zu richten, müßte man gewisse noch gleichsam zwischen deutsch und fremd hin und her flatternde Worte einmal vor allemal deutsch erklären und künftig nicht mehr zum Unterschied mit andern Buchstaben, sondern eben wie die deutschen schreiben, also damit den Gewissensskrupel der wohlgemeinten ehrlichen Deutschen und Eiferer vor das Vaterland und noch überbliebenen Herrn Fruchtbringenden, verhoffenlich mit ihrem guten Willen, gänzlich aufheben.

Volkslieder.

64. Nachtigall, ich hör dich singen.

2. Nachtigall, ich seh dich laufen, aus dem Bächlein tust du saufen; tunkst dir dein klein Schnäblein ein, meinst, es wär der beste Wein.

3. Nachtigall, wo ist gut wohnen? Bei der Linden, an der Dohnen, bei der schön Frau Nachtigall? Grüß mein Schatz viel tausendmal!

65. Da droben auf jenem Berge.

2. Die eine, die heißet Eliſabeth, die andre Bernarda mein, die dritte, die will ich nicht nennen, die ſollt' mein eigen ſein.

3. Da unten in jenem Tale da treibt das Waſſer ein Rad, das treibet nichts als Liebe vom Abend bis wieder an Tag.

4. Das Rad, das iſt gebrochen, die Liebe die hat ein End, und wenn zwei Liebende ſcheiden, ſie reichen einander die Händ.

5. Ach Scheiden, ach, ach, wer hat doch das Scheiden erdacht? Das hat mein jungfriſch Herze ſo frühzeitig traurig gemacht.

6. Dies Liedlein, ach, ach, hat wohl ein Müller erdacht, den hat des Ritters Töchterlein vom Lieben zum Scheiden gebracht.

66. Ach, wie iſt's möglich dann.

I. Ältere Form von Text und Melodie.

2. Obschon das Glück nicht wollt, daß ich dein werden sollt, so lieb ich dennoch dich, glaub's sicherlich! Es soll kein andrer sein, der mich soll nehmen ein, als du, o schönstes Kind, dir bleib ich treu!

3. Stoß mir das Herz entzwei, wenn du ein falsche Treu oder nur falsche Lieb spürest an mir! Dir will ich jederzeit zu Diensten sein bereit, bis daß ich kommen werd unter die Erd.

4. Nach meinem Tod alsdann, auf daß du denkst daran, nimm an der Totenbahr dies Reimlein wahr: Hier liegt begraben drein, die dich geliebt allein, die dich geliebet hat bis in das Grab.

II. Text und Melodie in der neueren Lesart.

2. Blau ist ein Blümelein, das heißt Vergißnichtmein; dies Blümlein leg ans Herz und denk an mich! Stirbt Blüt und Hoffnung gleich, wir sind an Liebe reich, denn die stirbt nie bei mir, das glaube mir!

3. Wär ich ein Vögelein, wollt ich bald bei dir sein, scheut Falk und Habicht nicht, flög schnell zu dir; schöß mich ein Jäger tot, fiel ich in deinen Schoß; sähst du mich traurig an, gern stürb ich dann.

67. Muß i denn, muß i denn zum Städtele 'naus.

2. Wie du weinst, wie du weinst, daß i wandere muß, wie wenn d' Lieb jetzt wär vorbei! Sind au drauß, sind au drauß der Mädele viel, lieber Schatz, i bleib dir treu. Denk du net, wenn i a andre sich, no sei mein Lieb vorbei; sind au drauß, sind au drauß der Mädele viel, lieber Schatz, i bleib dir treu.

3. Übers Johr, über Johr, wenn mer Träubele schneidt, stell i hier mi wiedrum ein; bin i dann, bin i dann dein Schätzele noch, so soll die Hochzeit sein. Übers Johr, do ist mein Zeit vorbei, do g'hör i mein und dein; bin i dann, bin i dann dein Schätzele noch, so soll die Hochzeit sein!

68. Morgen muß ich fort von hier.

2. Wenn zwei gute Freunde sind, die einander kennen, Sonn und Mond bewegen sich, ehe sie sich trennen. Noch viel größer ist der Schmerz, wenn ein treu verliebtes Herz in die Ferne ziehet.

3. Küsset dir ein Lüftelein Wangen oder Hände, denke, daß es Seufzer sein, die ich zu dir sende. Tausend schick ich täglich aus, die da wehen um dein Haus, weil ich dein gedenke.

69. Ich hort ein Sichellin rauschen.

2. „La rauschen, Lieb, la rauschen! ich acht nit, wie es geh; ich hab mir ein Buhlen erworben in Veiel und grünen Klee."

3. „Hast du ein Buhlen erworben in Veiel und grünen Klee, so steh ich hie alleine. tut meinem Herzen weh."

70. Jetz gang i ans Brünnele.

2. Do laß i meine Augelein um und um gehn, do sieh-n-i mein herztausige Schatz bei 'nan andre stehn.

3. Und bei 'nan andre stehn sehn, ach, das tut weh! b'hüt di Gott, herztausige Schatz, di b'siehn i nimme meh.

4. Jetz kauf i mir Dinten und Fed'r und Papier und schreib meim herztausige Schatz einen Abschiedsbrief.

5. Jetz leg i mi nieder aufs Heu und aufs Stroh, do fallen drei Röselein mir in den Schoß.

6. Und diese drei Röselein sind blutigrot: jetz weiß i net, lebt mei Schatz, oder ist er tot?

71. Es ritten drei Reiter zum Tore hinaus.

2. Goldringelein reichen, und das tut weh, ade! wir beide, wir scheiden uns nimmermeh, ade! und der uns scheidet, das ist der Tod, er scheidet so manches Mündlein rot. Ade, ade, ade! ja, Scheiden und Meiden tut weh.

3. Er scheidet so manches Kind aus der Wiegn, ade! wann werd ich mein schwarzbraunes Mädel doch kriegn? ade! und ist es nicht morgen, ach! wär es doch heut, es macht uns allbeiden gar große Freud. Ade, ade, ade! ja, Scheiden und Meiden tut weh.

72. Ich stand auf hohem Berge.

2. Der jüngste von den dreien, der in dem Schifflein saß, gab mir einmal zu trinken den Wein aus seinem Glas.

3. Was zog er von seinem Finger? einen Ring, von Gold so rot: „Nimm hin, du Hübsche, du Feine, trag ihn nach meinem Tod!"

4. „Was soll ich mit dem Ringlein tun, wenn ich's nicht tragen darf?" „Ei, sag, du habst's gefunden draußen im grünen Gras!"

5. „Ei, warum sollt ich lügen? stünd mir gar übel an; viel lieber wollt ich sagen, der jung Graf wär mein Mann."

6. Es stund wohl an ein Vierteljahr, dem Grafen traumt's gar schwer, als ob seine Herzallerliebste ins Kloster gangen wär.

7. Der Herr ſprach zu dem Knechte: „Sattel unſer beider Pferd! wir wollen reiten Berg und Tal, der Weg iſt Reitens wert.“

8. Und als er vor das Kloſter kam, gar leiſe klopft er an: „Wo iſt die jüngſte Nonne, die letzt iſt kommen an?“

9. „Es iſt ja keine kommen, es kommt auch keine heraus.“ „So will ich das Kloſter anzünden, das ſchöne Gotteshaus.“

10. Sie kam heraus geſchritten, ſchneeweiß war ſie bekleidt, ihr Haar war abgeſchnitten, zur Nonn war ſie bereit.

11. Was hat ſie in den Händen? von Gold ein Becherlein. Er hat kaum ausgetrunken, ſpringt ihm ſein Herz entzwei.

73. Et waſſen twe Küenigeskinner.

2. „Lef herte, kannſt du der nich ſwemmen? lef herte, ſo ſwemme to mi! ick wil di twe Keſkes upſtieken, un de ſöllt löchten to di!“

3. Dat horde ne faiſke Nunne up ere ſlopkammer, o we! ſe det de keſkes utdömpen, lef hierte bleif in de ſee.

4. Et was up en ſunndaye morgen, de lüde wören alle ſo fro, nich ſo des küniges Dochter, de augen de ſeiten er to.

5. „O moder“, ſede ſe, „moder, mine augen dod mi der ſo we! mog ik der nich gon ſpazeren an de kant von de ruſkende ſee?“

6. „O Dochter“, ſede ſe, „Dochter, allene kannſt du der nich gon, weck up dine jüngſte ſiſter, un de ſall met di gon!“

7. „Minne allerjüngſte ſiſter is noch ſo'n unnüſel kind, ſe plücket wol alle de blömkes, de an de ſeekante ſint.

8. Un plückt ſe auk men de wilden un lett de tammen ſtan, ſo ſegget doch alle de lüde, dat hed dat küenigskind dan.“

9. „O moder!“ ſeide ſe, „moder, mine augen dod mi der ſo we, mag ik der nich gon ſpazeren an de kant von de ruſkende ſee?“

10. „O dochter“, sede se, „dochter, allene saſt du der nich gon, weck up dinen jüngſten broder, un de ſall met di gon!“
11. „Min allerjüngſten broder is noch ſo'n unnüſel kind, he ſchütt wull alle de vügel, de up de ſeekante ſint.
12. Un ſchütt he auk men de wilden un lett de tammen gan, ſo ſegget doch alle de lüde, dat hed dat küenigskind dan.“
13. „O moder!“ ſede ſe, „moder, min hierte dod mi der ſo we, lot annern gon tor kerken, ik beid an de ruſkende ſee!“
14. Do ſad de küenigsdochter up hoeft ere goldene kron, ſe ſtack up eren finger en rink von demanten ſo ſchon.
15. De moder genk to de kerken, de dochter genk an de ſeekant, ſe genk der ſolange ſpazeren, bes ſi enen fiſker fand.
16. „O fiſker, leveſte fiſker! ji könnt verdenen grot lon, ſettet jue nettkes to water, fiſket mi den küenigesſon!“
17. He ſatte ſin netkes to water, de lotkes ſünken to grund, he fiſkde un fiſkde ſo lange, de küenigsſon wurde ſin fund.
18. Da nam de küenigesdochter von hoeft ere goldene kron: „ſüh do, woledele fiſker, dat is ju verdende lon!“
19. Se trock von eren finger den rink von Demanten ſo ſchon: „ſüh do, woledele fiſker! dat is ju verdende lon!“
20. Se nam in ere blanke arme den küenigsſon, o weh! ſe ſprank met em in de wellen: „O vader un moder, ade!“

74. Es wollt ein Vogel Hochzeit machen.

2. Die Droſſel war der Bräutigam, die Amſel war die Braute.
3. Die Lerche, die Lerche führt die Braut zur Kirche.
4. Der Stieglitz, der Stieglitz bracht der Braut den Hochzeitsſitz.
5. Der Sperling, der Sperling bracht der Braut den Fingerring.
6. Die Taube, die Taube bracht der Braut die Haube.
7. Der Finke, der Finke bracht der Braut zu trinken.
8. Der Storch mit ſeinem langen Schnabl bracht der Braut das Meſſer und Gabl.
9. Der Wiedehopf, der Wiedehopf bracht der Braut den Küchentopf.
10. Die Gänſe und die Anten warn die Herrn Muſikanten.

75. Im Winter ist ein kalte Zeit.

2. Er setzt sich nieder in den Schnee, der bitter Hunger tät ihm weh, die Gans wolt er verzehren, do dacht die Gans in ihrem Mut: Möcht ich mich's Wolfs erwehren!

3. Die Gans, die bat den Wolf gar sehr, ob ihres Lebens nimmer wär, daß er s' ein Lied ließ singen, das fröhlich nach ihrem Tode jäch von Tanzen und von Springen.

4. Die Gans, die rauft ein Feder aus und macht dem Wolf ein Kränzlein draus, der besten Feder eine, so sie sie in ihrem Flügel trug, war besser dann sunst keine.

5. Und do der Kranz gemachet war, dem Wolf setzet sie's auf sein Haar, des tät sich der Wolf freuen, er sprach: „Wir wollen tanzen tun ein kleinen kurzen Reihen!"

6. Sie tanzten hin und tanzten her, gleich ob es vor der Faßnacht wär, der Tanz war mancherleie; ich stund darbei und sach ihn zu, der Wolf der führt den Reihen!

7. Und do der Tanz am besten was, das Gänslein do sein nit vergaß, stund auf und flog von dannen: „Gsegen dich, Wolf, du scheußliches Tier, nach mir hab kein Verlangen!"

8. Der Wolf der stund und sach ihr nach: „Der Teufel mir das riet und sprach, daß ich tät nüchtern tanzen; betrügt mich kein Gans nimmermehr, sei 's Gänsin oder Ganser."

9. Der Wolf der schwur bei seinem Eid: „Es soll viel Gänsen werden leid, ich will 's ihn 's nicht vertragen; den Winter und den Sommer will ich erst viel Gänsen zwagen."

10. „Ja, Wolf, du bist ein listiges Tier, betrogen bist worden von mir wol durch ein Kränzeleine; Sant Mert errettet mich von dir, der treue Nothelfer meine."

76. Es, es, es und es.

77. Ein Jäger aus Kurpfalz.

2. Auf, sattelt mir mein Pferd und legt darauf mein Mantelsack, so reit ich hin und her als Jäger aus Kurpfalz. Juja, juja usf.

3. Wohl zwischen die Bein da muß der Hirsch geschossen sein, geschossen muß er sein, auf eins, zwei, drei. Juja, juja usf.

4. Jetzt geh ich nicht mehr heim, bis daß der Kuckuck Kuckuck schreit, er schreit die ganze Nacht allhier auf grüner Heid. Juja, juja usf.

78. Glück auf, Glück auf!

2. Hat's angezündt; es gibt ein Schein, und damit so fahren wir bei der Nacht ins Bergwerk 'nein.

3. Die Bergleut sein so hübsch und fein; sie graben das feinste Gold aus Felsenstein.

4. Der eine gräbt Silber, der andere Gold, und dem schwarzbraunen Mädelein dem sein sie hold.

79. Lied auf die Schlacht von Pavia.

80. Der Reif und auch der kalte Schnee.

2. So treiben wir aus die Lämmer und Schaf, so folgen uns die wackern Mägdlein nach; mein graues Roß tut mich zwingen. So reiten wir den grünen Wald auf und ab, da hört man die Waldvögelein singen, ja singen.

3. Wir kamen für eines Wirtes Haus, da sah das Mägdlein zum Fenster aus, das Mägdlein auf hoher Zinnen: „So hab ich alle die Reuter lieb umb meines Buhlen willen, ja willen."

4. Sie hält den Reuter als ein Held, das wacker Meidlein auserwählt, und denkt: Söll bei dir bleiben! Und fällt uns dann der Winter schwer, den Sommer scheint uns die Sonne, ja Sonne.

5. Der uns das Liedlein neu gesang, ein freier Reuter ist er's genannt, er hat's gar wohl gesungen; er hat ein Mägdlein im Herzen lieb, zur Liebsten kann er noch wohl kommen, ja kommen.

81. Prinz Eugenius, der edle Ritter.

82. Den liebsten Buhlen, den ich han.

2. Von diesem Buhlen, den ich han, will ich dir bald was bringen; er ist der allerbeste Wein, macht lustig mich zu singen, frischt mir das Blut, gibt freien Mut, alls durch sein Kraft und Eigenschaft: nun grüß dich Gott, mein Rebensaft!

83. Wo ſoll ich mich hinkehren.

I. Neuere Dur-Melodie.

II. Alte Moll-Melodie.

1523.

2. Ich bin zu früh geboren; ja, wo ich heuer hinkumm, mein Glück, das kummt erst morgen. Hätt ich das Kaisertum, darzu den Zoll am Rhein, und wär Venedig mein: so wär alles verloren, es müßt verschlemmet sein.

3. Ich sich auf breiter Heide viel manches Blümlein stahn, das ist so wohl bekleidet: was Sorg sollt ich denn han? Ich bin noch frisch und jung, sollt mich ein Not anlangen, mein Herz wüßt nichts darum.

4. Steck an die Schweinenbraten, darzu die Hühner jung! Darauf mag uns geraten ein frischer, freier Trunk. Trag einher kühlen Wein und schenk uns tapfer ein! Mir ist ein Beut geraten, die muß verschlemmet sein.

84. Kühreihen der Oberhasler.

2. Chüereihen im Maien! Gang Bub, du mußt reihen! Bring d' Brandi und d' Hägi, d' Holbandi und d' Schäggi wol ab der grüne Weid'. Die Schwarze und Albe, die Rote und Falbe, die Harte und Linde, die G'mache und d' G'schwinde! Leg an di's Hirtechleid. Bring d's Chranzli und Pfifer, das Schnäpfli und Schlifer wol ab der Weid'. O angenehme Sommerzeit! Uf schöne wilde Heide git's schöne grüne Plätzeli, mein herzgeliebtes Schätzeli, von dir mag i nit scheide.

85. Kimmt a Vogerl geflogen.

2. Hast mi allweil vertröstet uf die Summerizeit, und der Summer is kumma, und main Schatzerl is weit.

3. Daderheim is main Schatzerl, in der Fremd bin i hier, und es fragt halt kain Katzerl, kain Hunderl nach mir.

4. Liebes Vogerl, flieg weiter, nimm an Gruß mit, an Kuß! Und i kann di nit b'glaita, weil i hier bleiba muß.

86. Bald gras ich am Acker, bald gras ich am Rain.

2. Was batt mich mein Grasen, wann d' Sichel nit schneid? Was batt mich mein Schätzel, wenn's bei mir nit bleibt?

87. Mei Schatz is e Reiter.

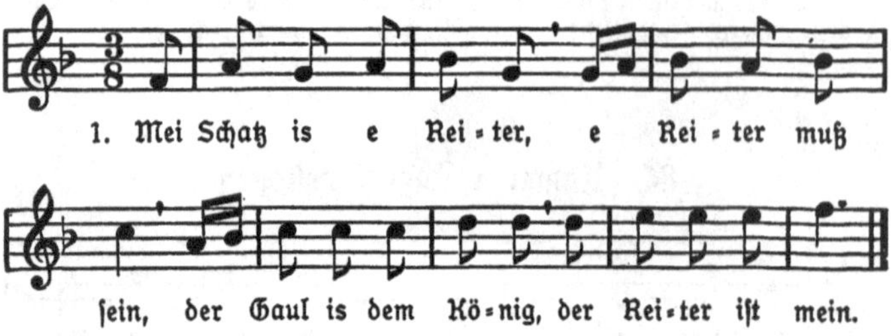

2. Mei Schatz is e Schreiber, e Schreiber muß sein, er schreibt mir alle Tage, sein Herze sei mein.

3. Mei Schatz is e Gärtner, e Gärtner muß sein, der setzt mir die schönsten Vergißmeinnicht ein.

4. Mei Schatz is e Schneider, e Schneider muß sein, der macht mir e Mieder, so nett und so fein.

5. Mei Schatz is kein Zucker, was bin ich so froh! sonst hätt ich'n schon gesse, jetzt hab ich ihn noh.

6. Mei Schatz is so gschmeidig, mei Schatz is so nett, und die Leut sind so neidisch un gönnen mir'n net.

88. Kinderlied.

Geistliche Lieder.

89. Unsar trohtîn hât farsalt.

Freisinger Handschrift, 9. Jahrhundert.

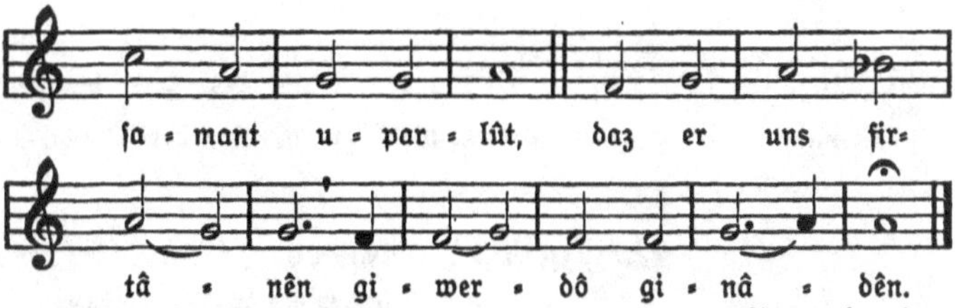

Chor, wie oben.

1. Unser Herr hat übertragen dem heiligen Petrus die Gewalt, daß er erretten kann den auf ihn hoffenden Menschen.

2. Er hütet auch durch sein Wort des Himmelreiches Pforte; in dieses kann er bringen, wen er will erretten.

3. Bitten wir Gottes Vertrauten allesamt, überlaut, daß er uns Verdammten gewähre Gnade.

90. Gelobet seist du, Jesu Christ.

Aus dem Anfang des 16. Jahrhunderts.

91. Es ist ein Ros entsprungen.

15. Jahrhundert.

92. Christ ist erstanden.

Spätestens aus dem 13. Jahrhundert.

93. Nun bitten wir den heiligen Geist.

Spätestens aus dem 13. Jahrhundert.

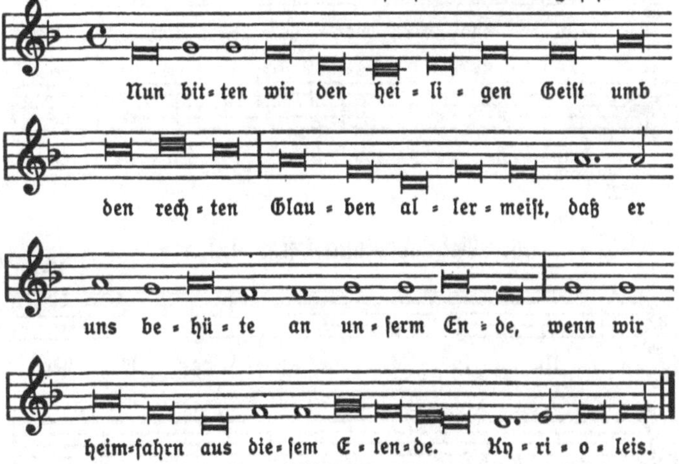

94. Wallfahrtslied.

12. Jahrhundert.

95. Geißlergesang beim Aufzuge.

1349.

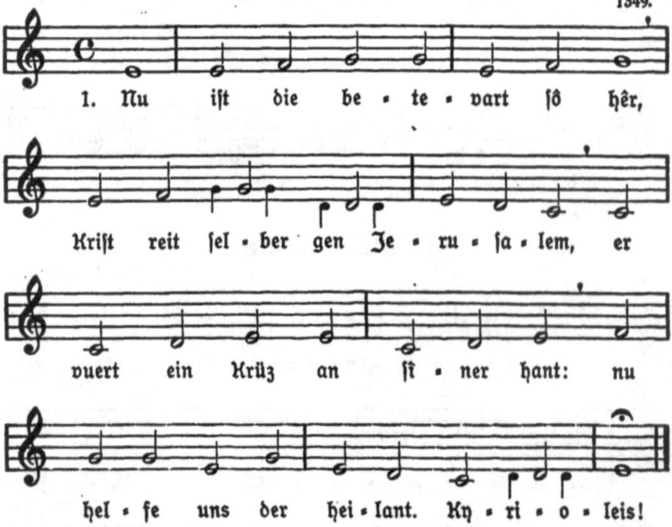

2. Nu ist die Betefahrt so gut, hilf uns, Herr, durch dein heilig Blut, das du am Kreuz vergossen hast und uns in dem Elend glassen hast. Kyrioleis!

3. Nu ist die Straße also breit, die uns zu unsrer lieben Frauen treit in unsrer lieben Frauen Land, nu helfe uns der Heiland. Kyrioleis!

4. Wir solln die Buße auf uns nehmen, daß wir Gott desto baß gezemen, alldort in seines Vaters Reich: das bitten wir dich alle gleich. Kyrioleis!

96. O Welt, ich muß dich lassen.

Um 1540.

Anhang.

97. Maienzeit bannet Leid!

Neidhart von Reuental.

Für gemischten Chor gesetzt von Dr. Hugo Riemann.

Heiter, marschmäßig.

Rings im Gras sind jach sie auf - ge-
sprun - gen! Durch den Wald man - nig - falt
sprun - gen! Durch den Wald man-nig-
Sang erschallt, daß es hallt: Wahr - lich,
falt Sang er - schallt, daß es hallt: Wahr - lich,
bes - ser ward er nie be - sun - - gen!

98. Schnitter Tod.

Düster und herb. Aus einem fliegenden Blatt, 1638.

2. |: Was heut noch grün und frisch dasteht, wird morgen weg-gemäht. :| Die edel Narzissel, die englische Schlüssel, die schön Hyazinthen, die türkischen Binden: Hüt dich, schöns Blümelein!

3. |: Viel hunderttausend ungezählt, was unter die Sichel fällt: :| Rot Rosen, weiß Liljen, beid' wird er austilgen, und ihr Kaiserkronen, man wird euch nicht schonen: Hüt dich, schöns Blümelein!

4. |: Trutz, Tod! Komm her, ich fürcht dich nit! Trutz, komm in einem Schnitt. :| Wann Sichel mich letzet, so werd ich versetzet in himmlischen Garten, darauf will ich warten: Freu dich, schöns Blümelein!

99. Madrigal.

Heinr. Isaac, um 1510.

100. Es ist ein Ros entsprungen.

Mich. Praetorius, 1609.

Blüm-lein bracht — mit-ten im kal-ten Win-

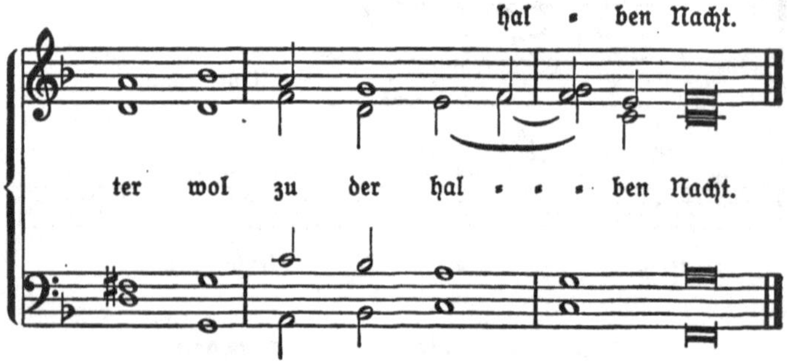
hal - ben Nacht.
ter wol zu der hal - - - ben Nacht.

Erläuterungen.

Ulfila.

Zu Nr. 1 (Aus Ulfilas gotischer Bibel): Ulfila oder Wulfila wurde um 311 geboren; 341 ward er zum Bischof der Westgoten geweiht, aber der Gotenkönig verfolgte die neue Religion, und Ulfila wanderte mit seinen Glaubensgenossen nach Mösien aus; er starb 381 zu Konstantinopel, wo er sich aufhielt, um das arianische Christentum zu verteidigen. Ob die ganze Bibel ins Gotische übersetzt wurde, ist nicht mehr zu entscheiden.. Es haben sich aber, über ganz Europa zerstreut, erhebliche Reste erhalten, die wohl aus dem Besitz der gotischen Könige stammen und lange im Kloster Bobbio in der Lombardei verwahrt wurden. Das bedeutendste Bruchstück gelangte in die Abtei Werden an der Ruhr, von wo es im 30 jährigen Kriege die Schweden entführten und nach Upsala brachten. Nach der silbernen Einbandsdecke heißt es der codex argenteus, auf purpurfarbiges Pergament mit Gold- und Silberbuchstaben geschrieben. Ulfilas Bibel ist die älteste Urkunde der deutschen Sprache und zeigt uns die Sprache der germanischen Frühzeit als eine dem Sanskrit verwandte, dem Griechischen und Lateinischen sehr nahestehende Sprache. Das Gotische ist volltönend und melodisch, hat ähnlichen Formenreichtum wie das Altgriechische und ist so mannigfach gegliedert, daß diese Sprache fähig war, alles auszudrücken, hohen Schwung der Rede, Philosophie, Dichtung jeder Art: in der Tat wird uns von gotischen Heldenliedern berichtet, von denen jedoch keine Spur sich erhalten hat, wenngleich die Sagenstoffe der Völkerwanderung und der gotischen Könige teils in lateinisch abgefaßten Geschichtsbüchern, teils in den später sich entwickelnden germanischen Dichtungen aus dem gotischen Sagenkreise weiterlebten. Die dichterische Form war unzweifelhaft der Stabreim (Alliteration). Ulfilas Bibel schließt sich dem Urtext enge an, das alte Testament jedoch der griechischen sogenannten Septuaginta-Übersetzung; aber die enge Verwandtschaft des Gotischen mit dem Griechischen gestattete dem Übersetzer, trotzdem dem eigenen Sprachgeist keinen Zwang antun zu müssen.

Nach dem von Jakob Grimm erkannten Gesetze der Lautverschiebung sind im Gotischen gegenüber dem Lateinischen und Griechischen die drei Lautgruppen: b, p, ph — d, t, th — g, k, ch um einen Laut verschoben, so daß z. B. lateinisch turba gotisch þaurp heißt, griechisch τρεῖς, lateinisch tres, gothisch þreis (drei). Es sei schon hier bemerkt, daß im Hochdeutschen die Lautverschiebung wiederum eine Stufe weitergeschritten ist, verschieden nach Mundart und Stellung der Laute, also in obigen Beispielen: „Dorf" und „drei". Ulfila hat auch das gotische Alphabet ausgebildet, nahm z. B. nach griechischem Vorbild für th (ϑ) ein besonderes Zeichen (þ). Die Schriftzeichen ai und au bedeuten nicht immer Doppelvokale, sondern oft den gebrochenen Vokal, ai mit kurzem a und lang angehaltenem i, so daß ai wie e klingt, au mit kurzem a und langgedehntem u, so daß dadurch der o-Laut erscheint. Die Endungen sind so ausgebildet, daß z. B. dags (Tag) folgende Flexion zeigt: Einzahl dags, dagis, daga, dag, Mehrzahl dagôs, dagê, dagam, dagans. Die Deklination mit u lautet: sunus (Sohn), sunaus, sunau, sunu, Mehrzahl sunjus, sunivê, sunum, sununs. Das starke Verbum niman (nehmen) zeigt im Präsens die Formen: nima, nimis, nimiþ, Dual: nimôs, nimats, Plural: nimam, nimiþ, nimand; Imperfektum: nam, namt, nam; Dual: nêmu, nêmuts; Plural: nêmum, nêmuþ, nêmun usw. Participium praes.: nimands, perf. numans.

Die althochdeutsche Grammatik und die weitere Sprachentwickelung bis zur Gegenwart zeigt eine fortschreitende Abschwächung der vollen gotischen Formen, meist auf das farblose e hin. Eine Anzahl Wortstämme sind in dem Wörterbuch erklärt.

Althochdeutsch.

Die altdeutsche Sprachperiode umfaßt die Zeit vom 6. bis zum 12. Jahrhundert. Es ist schwer, eine gemeingültige Grammatik für die althochdeutsche Sprache aufzustellen, da die Schreibweise der Handschriften zu verschieden ist und das Mundartliche noch hin und her wogt, ohne daß sich eine einheitliche Schriftsprache herausgebildet hätte. Dies wurde auch dadurch erschwert, daß die Gelehrsamkeit sich ausschließlich auf das kirchliche Gebiet beschränkte und darum beinahe aufging in dem Studium der lateinischen Sprache. Der Dünkel der Gelehrten maß die Muttersprache an dem Lateinischen, und was in Formenbildung und Satzlehre davon abwich, erschien ihnen als roh, plump, barbarisch; alles, was an Heidnisches erinnerte, erschien sündig und teuflisch. Daß in der Sprache die Lautverschiebung um noch eine Stufe weiter gerückt ist als im Gotischen, ist bereits gesagt. Die dort angeführten gotischen Deklinationsbeispiele lauten althochdeutsch: tag, tages, tage, tag, Mehrzahl: taga, tago, tagum, taga, — sunu, sunô, sunju oder suni, sunu. Das Zeitwort neman lautet im Präsens: nimu, nimis, nimit, nemamês, nemet, nemant. Das Imperfekt lautet: nam, nâmi, nam, nâmum(ês), nâmut, nâmun; Partizip: nemanti, Part. perf.: ginoman. Es ist also hier der Übergang zu den heutigen Sprachformen schon deutlich zu erkennen.

Die althochdeutsche Zeit ist angefüllt mit dem Kampf des Christentums gegen das germanische Heidentum, infolgedessen sind die echt heidnischen Gesänge fast verschwunden, die in Masse vorhanden waren und vorzugsweise episch Taten der Volkshelden und der Gottheiten feierten. Es überwiegen die christlichen Prosadenkmäler: religiöse Schriften aller Art, Predigten und kirchliche Stoffe; ab und zu sind in lateinische Schriften deutsche Bruchstücke eingestreut, auch solche, die aus heidnischer Zeit stammen.

Zu Nr. 2 (Zauber- und Segenssprüche): Jakob Grimm fand im Jahre 1841 in einer Merseburger Handschrift aus dem 10. Jahrhundert diese beiden Zaubersprüche, in denen uns besonders die Götterwelt wichtig ist, über die uns für das eigentliche Deutschland ja nur Lückenhaftes bekannt ist. Die Idisen oder Disen sind göttliche Frauen (manche erklären Hexen als Hagedisen), auch als Walküren bekannt. In drei Gruppen spenden sie Hilfe: die einen fesseln die Gefangenen hinter dem Heere, dem sie beistehen, die andern kämpfen selbst gegen das feindliche Heer, die dritten erscheinen hinter dem Feind, da wo die Gefangenen verwahrt werden, nesteln an deren Ketten und sprechen den erlösenden Zauberspruch: „Entspring den Haftbanden, entfahr den Feinden!"

Bei dem zweiten Spruch sind alle Götter ohnmächtig, bis der höchste Gott kommt, der das allein kann. Sein entscheidender Zauberspruch ist die Formel: „Bein zu Beine usw." Der Sinn ist, daß diese Formel, auch von Menschen gebraucht, dieselbe Wirkung tun werde. Gerade dieser Spruch ist arisches Gemeingut, denn er findet sich ganz ähnlich im Indischen, wo er in Sanskritsprache lautet:

Aufrichtend bist du, Rohani, aufrichtend das gebrochne Bein!
Richte dies auf, Arundhati!
Was dir verletzt, was dir gebrochen,
was dir gequetscht an deinem Leib,
Das richte glücklich wieder ein
der Schöpfer dir mit Glied an Glied.
Zusammen werde Mark mit Mark
und auch zusammen Glied an Glied,
Was dir an Fleisch vergangen ist,
und auch der Knochen wachse dir.
Mark mit Marke sei vereinigt,
Haut mit Haut erhole sich,
Blut erheb' sich dir am Knochen,
Fleisch erhole sich am Fleisch.
Haar mit Haar, füg' es zusammen,
füge mit der Haut die Haut,
Blut erheb' sich dir am Knochen!
Was da zerbrach, richt' ein, o Kraut.
Steh auf, geh hin, eile fort!

Eine norwegische Fassung ist:

Jesus ritt zur Heide,
da ritt er entzwei sein Fohlenbein,
Jesus stieg ab und heilte das;
Jesus legte Mark in Mark,
Bein in Bein, Fleisch in Fleisch,
Jesus legte darauf ein Blatt,
Daß das sollte sein in demselben Stande.

Eine esthnische Fassung des Zauberspruchs lautet:

Jesus ging dahin zur Kirche
mit dem Rotroß, mit dem Rappen,
mit dem lachsschwarz mohrenkopfigen,
Mit dem fischfarb mausefahlen.
Da verrenkte das Pferd den Fuß;
Nieder bei dem Rade Jesus,
Zu besprechen des Pferdes Fuß:
Hier ist ein Gelenk verrenket,
Hier die Sehn übergesprungen,
Hier ein Sprungbein ausgestemmet.
Geh Gelenk an Gelenk hinwieder,
Geh Sehn' an Sehn' hinwieder,
Gehe Sprung an Sprung hinwieder,
Gehe Fleisch an Fleisch hinwieder:
Streiche Naß darauf, Maria! Vater unser usw.

Wir entnehmen aus dieser Fassung, daß man bemüht war, Zaubersprüche christlich einzukleiden, wie das ja auch im Lorscher Bienensegen der Fall ist, der in einer im Vatikan befindlichen Handschrift aus dem 10. Jahrhundert steht.

Zu Nr. 3 (Das Hildebrandslied): Ein einziger armer Rest der Heldenlieder aus der Gotenzeit ist der Vernichtung entgangen: Zwei Mönche, wohl aus Fulda, haben niedergeschrieben, was sie, vielleicht aus der Erinnerung ihrer vorklösterlichen Zeit, vom Sange von Hildebrand behalten hatten; wo sie ihr Gedächtnis verließ, fügten sie auch etwas Prosa ein. Das Fragment ist auf die Umschlagseiten eines Codex geschrieben, der auf der Kasseler Bibliothek verwahrt wird. Erst Jakob Grimm erkannte 1812, daß das Stück in Stabreimen verfaßt sei. Der Gleichklang des Anlautes ist bekanntlich die altgermanische Versform und zwar so, daß die den Sinn tragenden Worte durch solche Stäbe verbunden sind, meist so, daß die erste Vershälfte zwei derart verbundene Worte enthielt (Stollen, Stützen, nordisch: studhlar), die zweite Vershälfte noch eins (der abschließende Hauptstab, nordisch: höfudhstafr). Alle Vokale würden dabei als gleichwertig angesehen. So einfach diese poetische Form ist, so folgenreich war sie, sie schuf überall Doppelausdrücke, Tautologien, Satz und Gegensatz, und die Neigung dazu durchdringt noch heute als ein sehr wesentlicher Stilschmuck die deutsche Poesie und Prosa.

Nach der dem Lied zugrund liegenden Sage ward Dietrich von Bern von seinem Oheim Ermenrich aus Italien vertrieben, auf Rat des ungetreuen Odoaker (sonst Sibicho geheißen), er floh zum Hunnenkönig Etzel und kehrte später mit Heeresmacht zurück, um dann bei Ravenna nochmals zu unterliegen. Bei jener Rückkehr Dietrichs muß sein vornehmster Held, der greise Hildebrand, einen Kampf mit seinem eigenen Sohne bestehen. Der Ausgang ist unsicher, wahrscheinlich tötet Hildebrand den Sohn, so ist es wenigstens in dem Epos des Firdusi „Rostem und Suhrab“ dargestellt, auch Andeutungen in der nordischen Literatur sprechen dafür, daß das Lied diesen Ausgang hatte.

So heißen in einem altnordischen Liede des 12. Jahrhunderts die Worte des sterbenden Hildebrand:

Steht mir zu Häupten der Heerschild geborsten . . . .
Sind an der Zahl zehnmal acht,
Lauter Männer, denen ich Mörder ward.
Liegt hier der Sohn selbst mir zu Häupten,
Erbsproß er, den ich eigen gehabt,
Unwollend sein Ende schuf ich.

Die Sprachformen im Hildebrandslied sind sehr gemischt; es scheint, daß die ursprüngliche Dichtung streng niederdeutsch gewesen ist, daß aber die beiden Schreiber sie, so gut es ging, in ihre hochdeutsche Mundart umgesetzt haben. Auch im Innern des aufgezeichneten Gedichtes sind an mehreren Stellen Lücken.

Zu Nr. 4 (Aus dem Heliand: Die Hochzeit zu Kana): Die „altsächsische Evangelienharmonie“ gab Schmeller

1830 unter dem Namen „Heliand“, d. i. Heiland, heraus. Es sind davon zwei vollständige Handschriften erhalten, eine wird in London aufbewahrt, die andere in München; letztere ist die wertvollere, unser Text ist darum nach dieser abgedruckt; die Sprache ist rein niedersächsisch. Der Verfasser war, wie man annimmt, Mönch, vielleicht in Paderborn oder Werden a. d. Ruhr. Die Erzählung ist beeinflußt unter anderm durch die biblischen Kommentare des Hrabanus Maurus, Abtes von Fulda; so kann die Abfassung des Heliand in die Zeit von 825 bis 835 gelegt werden. Er ist abgefaßt in Ausdrucksweise und Form der altheidnischen, leider verlorenen Dichtungen; wie hier die handelnden Personen ein Herzog und seine Dienstmannen waren, die für ihn kämpften, von ihm belohnt wurden mit Burgen im eroberten Feindesland, mit Waffen, Gewanden und Wertsachen, wie sie dafür aber ihm Treue bis in den Tod schuldig waren, so ungefähr dachte sich der Dichter das Verhältnis zwischen Christus und seinen Jüngern; mit Vorliebe schildert er Gelage, den Seesturm, Kämpfe, so selten freilich der biblische Stoff dazu Gelegenheit gibt. Der nationale Stabreim ist die poetische Form.

Zu Nr. 5 (Aus Otfrieds Krist; Das Gebet des Herrn): Die lateinische Reimpoesie der kirchlichen Gesänge führte zunächst die geistlichen Dichter dazu, diese Form auf die deutsche Poesie zu übertragen. Der Stabreim entspricht insofern mehr dem Geist unsérer Sprache, als er das Gewicht des Begrifflichen und des Nachdrucks auf den Anfang der Wörter verlegt, der Reim dagegen auf das Ende; da aber im Deutschen der Wortton auf den Anfang gelegt wird, die Endungen dagegen unbetont sind, so waren die ersten Reimversuche in deutscher Sprache unbeholfen: sie reimten Endungen, die aber unbetont waren und dabei meist ganz gleich klangen, während doch der Reim Verschiedenheit des Konsonanten fordert, Gleichklang erst vom letzten betonten Vokal ab.

Mit dem Reim ward die vierzeilige Strophe eingeführt, und jede Verszeile bekam vier Akzente.

Diese vierzeilige Strophe zerfiel in zwei kurze Reimpaare, deren jedes man sich auch entstanden denken kann aus dem damals üblichen gereimten Hexameter (leoninischen Vers). Das früheste Denkmal der gereimten deutschen Poesie ist das Evangelienbuch, das der Mönch Otfried aus dem Kloster Weißenburg im Speiergau gedichtet und 868 dem König Ludwig dem Deutschen zugeeignet hat. Er war in Fulda ein Schüler des Hrabanus Maurus gewesen. Er hat weder dichterische Begabung besessen, noch wahrhafte Hochschätzung für seine Muttersprache, und darum ist, ästhetisch angesehen, der „Krist" recht minderwertig, die Reime sind meist schlecht geraten; aber aller Anfang ist schwer, und als erstes deutsches Reimgedicht ist der „Krist" von höchster Wichtigkeit. Der Reim bedeutete eine solche Umwälzung für die deutsche Dichtung, daß drei dürre und magere Jahrhunderte folgten: das Alte war verpönt, das Neue noch ungewohnt, es blickte auf keine geheiligte Überlieferung zurück, war nicht volkstümlich, und es fanden sich keine rechten Meister des Reimes: redselige Prosa, Versnot, Reimnot, Nüchternheit, unter diese Zeichen geriet die deutsche Dichtung.

Zu Nr. 6 (Himmel und Hölle): In einer Handschrift des 12. Jahrhunderts ist uns diese predigtartige Dichtung aufbewahrt, die erst an das Ende des althochdeutschen Zeitraumes zu setzen ist; das altdeutsche ia und io ist überall schon in den Doppelvokal ie übergegangen (mit hörbarer Aussprache des e, nicht so, daß das e nur etwa Zeichen der Länge sein sollte). Die Freiheit und der hohe Schwung der Rede ist mit dadurch bewirkt, daß die Verse nicht in Strophen geteilt sind und reimlos geblieben sind; die Alliteration der früheren Jahrhunderte ist dem Bewußtsein schon entschwunden gewesen. Wackernagels Urteil ist: „Höheren Redeschwung, bis in alle Fülle sinnlich ausmalende Poesie zeigt uns ein Denkmal, ein Stück aus der katechetischen Redehandlung der Beichte, eine Schilderung der Freuden des Himmels, des Grauens der Hölle: mit Überraschung weilt der Blick auf solchem bisher ungeahnten Vermögen unserer alten Literatur."

Mittelhochdeutsch.

Die mittelhochdeutsche Sprachperiode rechnen wir im allgemeinen vom Jahre 1200 bis zum Jahre 1450 oder 1500.

Sprachlich hat sich die Abschleifung der Wortendungen immer weiter vollzogen, nur in Bayern hielten sich noch lange altertümliche volle Formen. Im allgemeinen werden jetzt die oben von uns gewählten Beispielsworte so abgeändert: Einzahl: tac, tages, tage, tac, Mehrzahl: tage, tage, tagen, tage; Einzahl: sun, sunes, sune, sun, Mehrzahl: sune, sune, sunen, sune. Präsens: nime, nimes, nimet, nemen, nemet, nement. Präteritum: nam, næme, nam; nâmen, nâmet, nâmen. Imperativ: nim, nemet; Infinitiv: nemen; Partizipium: nemende; genomen.

Die kritischen Textausgaben unserer Gelehrten haben im allgemeinen die außerordentlich abweichenden Schreibarten der Handschriften, in die sich vor allem auch viele mundartliche Besonderheiten mischen, in ein einheitliches Schema gebracht, die uns das Lesen der Texte sehr erleichtert. Vor allem bezeichnet man die langen Vokale jetzt allgemein: â, ê, î, ô, û, ferner æ und œ; man schreibt teils öu, teils eu; die kritischen Ausgaben richten sich dabei möglichst nach der Aussprache. Die Handschriften kennen nicht die Unterscheidung von Länge und Kürze, unterscheiden auch selten o und ö, u und ü. Wertvolle Fingerzeige geben die Reime, die in den meisten Fällen tadellos rein sind. Die Lautverbindung iu wird durchgehends wie langes ü gesprochen, ie ist ein Doppelvokal, wo i und e deutlich hörbar sind; ht und hs werden cht, chs gesprochen; f und v werden als gleichwertig gebraucht; z wird teils wie unser z, teils wie ß gesprochen. Die Schreibweise richtet sich weniger nach etymologischen Rücksichten, wie später üblich (lang, Länge, mittelhochdeutsch: lenge).

Zu Nr. 7 (Aus dem Annoliede: Die Römer in Deutschland): Das Lied ist ein Loblied auf den heiligen Anno, einen Geistlichen von ritterlicher Abkunft, der beim Kaiser Heinrich III. in hoher Gunst stand. Als zu diesem, nach dem Tode ihres Erzbischofs, Kölner Bürger nach Koblenz kamen und ihn um einen Nachfolger baten, schickte er ihnen Anno, den er auch vor seinem Tod zum Vormund seines Söhnchens ernannte, des Kaisers Heinrich IV. Als Reichsverweser, wie auch den Kölnern gegenüber, war Anno sehr streng, so daß er später aus Köln fliehen mußte; bei seiner Rückkehr zeigte er sich noch viel härter. Der Priester Lambert von Hersfeld schrieb die Annalen, die mit Adam beginnen, aber hauptsächlich die Taten Heinrichs IV. berichten; er ist vielleicht auch der Dichter des Alexanderliedes und wahrscheinlich Verfasser des Annoliedes, das um 1080 entstanden ist. Auch dies beginnt mit Adam, um allmählich auf Anno zu kommen und dessen Lob zu singen. Das Lied hat sich dadurch erhalten, daß der Dichter Opitz es 1639 zu Danzig drucken ließ; die Handschrift ist verbrannt worden. Wir teilen getreu nach dem Drucke von Opitz, der ja allerdings fehlerhaft ist, die Kapitel 24—30 mit, welche das Schalten der Römer in Deutschland erzählen. Köln ist übrigens Colonia Agrippina benannt worden nach der Julia Agrippina, der Tochter des Germanicus. Die römischen Wasserleitungen, welche die Eifel durchzogen, und deren Reste noch heute vielerorts erkennbar sind, hielt man für Weinleitungen von Trier nach Köln. Im übrigen sind die Schilderungen kurz, aber überaus kraftvoll, anschaulich und schwungvoll, z. B. der vierte Abschnitt (S. 22).

Das Annolied steht an der Wende der Zeitalter, wir können es als die erste größere mittelhochdeutsche Dichtung ansehen. Die kurzen Reimpaare mit ihren vier Hebungen und beliebigen Senkungen dazwischen sind nunmehr zur Herrschaft gelangt; die Reime selbst sind noch mangelhaft.

Erzählende Dichtung.

Die Taten der volkstümlichen Helden, besonders der aus der Zeit der Völkerwanderung, wurden in ganz Deutschland von fahrenden Sängern weitererzählt und zu langen Dichtungen ausgesponnen. In Niederdeutschland sind solche Epen kaum aufgezeichnet worden, aber sie wanderten von da weiter nach Dänemark, Norwegen, den Faröringeln, Island und wurden dort niedergeschrieben. In Bayern und Österreich dagegen ist um das Jahr 1200 das Nibelungenlied auf Pergament gebannt und dadurch für immer festgehalten worden. Auch niederdeutsche Sagen, wie Gudrun, wurden daselbst durch die Schrift festgelegt. Viele heidnische Züge mußten freilich christlichen weichen, manche Roheit in sittlicher Auffassung wurde gemildert, wie das Doppelverhältnis Siegfrieds zu Brunhilde und zu Chrimhild. Die Geistlichkeit bemühte sich gleichzeitig, daß statt der Kämpfer der Heldensage Heilige und Glaubensstreiter des Morgenlandes gefeiert wurden.

Je mehr das Rittertum erstarkte, desto mehr suchten die Dichter aus diesen höfischen Kreisen sich Stoffe aus Frankreich und England oder aus den Werken des Altertums. An den Höfen der Welfen, an dem des Landgrafen Hermann von Thüringen, der babenbergischen Fürsten von Österreich, auch am Hohenstaufenhof wurde die Sangeskunst geehrt und gefördert. An die Spitze der höfischen deutschen Epiker stellt man Heinrich von Veldeke, der aus der Gegend von Mastricht stammte; er war anwesend bei dem großen Feste Barbarossas bei Mainz 1184 und hielt sich später am Thüringer Hofe auf, wo er Heinrich von Morungen zum Schüler hatte. Auch Hartmann von der Aue und Wolfram von Eschenbach sind stark von ihm beeinflußt. Er dichtete in seiner heimischen Mundart die Eneit, d. h. die Liebesgeschichte von Äneas und Dido, frei nach französischem Vorbild bearbeitet. Gleichfalls nach französischen Dichtungen schuf Hartmann von der Aue den Erek und den Jwein, den Ritter mit dem Löwen. Sein „armer Heinrich“ wurde ganz besonders beliebt. Veldeke hat zuerst kurze Reimpaare in glänzender Reinheit geschaffen; Hartmann und Wolfram traten in seine Fußtapfen. Hartmanns Sprache ist so klar und durchsichtig, bilderreich und doch einfach, daß er vorzugsweise als Muster galt.

Zu Nr. 8 (Wolfram von Eschenbach; Wie Parzival erzogen ward): Der Dichter entstammte einem ritterlichen, aber unbegüterten Geschlechte aus Eschenbach bei Ansbach. Anfänglich in Diensten der Herrn von Wertheim in Unterfranken, fand er etwa 1203 dauernde Stellung beim Landgrafen von Thüringen. Nach dessen Tode 1217 scheint er sich in seine Heimat begeben zu haben, wenigstens liegt er in Eschenbach begraben. Wolfram war selbst des Lesens und Schreibens unkundig, er diktierte seine Dichtungen.

Vielleicht erklärt sich mit daraus die Unübersichtlichkeit und der große Umfang seines Hauptwerkes, des Parzival, dessen Stoff aus französischen Quellen geschöpft ist. An Tiefsinn, Gedankenreichtum, sittlicher Würde wird er von keinem andern Zeitgenossen übertroffen. Man vergleiche das Urteil Gottfrieds von Straßburg über ihn, unten zu Nr. 11. Wir geben als Probe die überaus zarte und innige Schilderung der Erziehung Parzivals, worin ganz modern gefühlvolle Züge uns überraschen.

Zu Nr. 9 (Wolfram von Eschenbach; Wie Parzival die Gralsburg verließ): Die Schilderung der Gralsburg bildet einen Höhepunkt des Epos, wenngleich der Gralszauber im Grunde wenig christlich ist, vielmehr erscheint der Gral als Talisman oder Fetisch, im Sinne der arabischen Märchen von 1001 Nacht. Parzivals verhängnisvolles Verlassen der Gralsburg ist besonders ahnungsvoll vom Dichter dargestellt.

Zu Nr. 10 (Gottfried von Straßburg; Riwalin und Blanscheflur): Meister Gottfried von Straßburg war ein Sänger bürgerlicher Herkunft, literarisch hochgebildet; er verstand Latein und Französisch. Sein berühmtes Epos „Tristan und Isolde" zu vollenden hinderte ihn der Tod. Er wandelte auf den Bahnen Hartmanns weiter, indem er Leichtigkeit des Stils, Anmut der Rede, „kristallene Wörtlin" anstrebte; die Liebesleidenschaft hat er mit einer zu keiner Zeit übertroffenen Glut dargestellt. Er starb nach 1210. „Tristan und Isolde" fand nach ihm zwei Fortsetzer, der Gang der Sage ist aus wallisischen und altfranzösischen Dichtungen bekannt; Gottfrieds Nachfolger, Ulrich von Türheim und Heinrich von Freiberg, haben zwar die Geschichte zu Ende erzählt, aber auch nicht annähernd im Geiste Gottfrieds.

Wir teilen die Liebesgeschichte von Tristans Eltern mit, Riwalins, der auch den Beinamen Kanelengres führte, und Blanscheflurens, der Schwester des Königs Marke. Die kurzen Reimpaare erscheinen hier in tadelloser Vollendung, hinfließend wie ein sanfter Strom. Der Sinn schließt mit Vorliebe mit der ersten Kurzzeile des Reimpaares, so daß es fast unmöglich ist, an einer Stelle innezuhalten: hat man ein Reimpaar zu Ende gelesen, so steckt man mitten in einem neuen Satze und muß fortfahren; der Wortreichtum des Dichters ist unerschöpflich, die treffendsten Bilder jagen sich förmlich, und auch bei Wendungen, die uns jetzt abgeschliffen vorkommen, hat man bei Gottfried stets das Gefühl, daß ein bestimmtes anschauliches Bild der Phantasie vorgezaubert wird. Man vergleiche z. B. den Schluß des Abschnittes. Buhurt ist das Kampfspiel, wo ganze Scharen gegeneinander reiten; Tjost der Einzelkampf, wo zwei Reiter sich einander aus dem Sattel zu heben versuchen.

Zu Nr. 11 (Gottfrieds Sangesgenossen): Wo Gottfried Tristans Schwertleite (Ritterschlag) erzählt, flicht er diese Episode ein. Er lenkt von seiner Erzählung ab, indem er sich entschuldigt, er werde dies ritterliche Schauspiel nicht so vorführen können, wie andere Dichter das verstünden, besonders wie der von ihm so hochverehrte Hartmann von der Aue. Die Charakteristik, die er nunmehr von diesem entwirft, ist überaus treffend, würde aber auf Gottfried selbst ebensowohl passen. Er knüpft sofort daran einen heftigen Ausfall gegen einen ungenannten Dichter, der aber kein anderer sein kann als Wolfram von Eschenbach. In der Tat stehen die beiden innerlich im schärfsten Gegensatz zueinander. Gottfried hält sich an das Äußerliche bei Wolfram, tadelt seine allerdings oft sehr schwer verständliche, dunkle und manchmal geradezu schwerfällige Sprechweise, die gehäuften Abenteuer, in deren Fülle und Gedränge auch der heutige Leser schier verkommt und irregeht.

Das hohe Lob, das Gottfried dem Blicker von Steinach spendet, läßt es uns sehr beklagen, daß dessen Hauptwerk „Der Umbehang" (Vorhang) verloren gegangen ist. Blicker stammte von der Burg, deren Trümmer noch heute bei Neckarsteinach sichtbar sind. Er erscheint urkundlich 1165. Im „Umbehang" waren Erzählungen wie auf einem gestickten

Teppich aneinander gereiht und ineinander verwebt, die Stoffe anscheinend dem klassischen Altertum entnommen. Nur zwei echte Lieder Blickers haben sich erhalten.

Endlich werden auch noch die Lyriker gepriesen und mit Namen genannt die Hagenauer Nachtigall, d. h. Reinmar der Alte, und Walther von der Vogelweide. Mit Zitherone ist Cythera gemeint, die griechische Insel, auf der das Heiligtum der Venus sich erhob.

Zu Nr. 12 (Bruder Felix im Paradiese): Die Sagen von unvermerktem Verfließen langer Zeiten, oft in Verbindung mit der Wiederkehr großer Könige und Helden aus Zauberschlaf, sind weit verbreitet: Griechenland hat den Epimenides, das Christentum die Siebenschläfer, das Morgenland Padmanaba in 1001 Nacht und Mahomet, der Norden König Arthur, der in Avalun noch lebt, und Kaiser Friedrich im Kyffhäuser. Die Sage von Felix hat Müller von Königswinter auf Heisterbach übertragen, vielleicht bewogen durch den Anfang: in einem „grauen Orden", d. h. im Zisterzienserorden, dem ja auch Heisterbach gehörte. Cäsarius von Heisterbach berichtet die Sage von seinem Kloster nicht.

Die Legende ist gedruckt in den „Gesamtabenteuern" von v. d. Hagen, Bd. 2, Nr. 90; sie steht in der Heidelberger Pergamenthandschrift des 13. oder 14. Jahrhunderts. Wir geben die Erzählung hier mit Weglassung von im ganzen 200 Verszeilen wieder „ich'n wil ez iu niht lengen".

Zu Nr. 13 (Wernher der Gaertenaere; Helmbrechts Rückkehr nach Hause): Von allen 100 Erzählungen, Legenden und Schwänken der „Gesamtabenteuer" ist diese Bauernnovelle das beste Stück. Der Dichter stammt, wie man vermutet, vom Gardasee, dessen deutscher Name „Garten" gewesen ist, und wo im Mittelalter noch deutsches Land war; auch Ulrich von Lichtenstein und andere Dichter haben in der Nähe ihre Heimat. Der Stoff ist eine aus dem Bauernleben gegriffene Geschichte, die spannend und ergreifend, ernst und hochtragisch berichtet, wie ein reiches bäuerisches Ehepaar seinen Sohn verzog, ihm ritterliche Manieren beibrachte, ihn Studien machen ließ, und wie aus dem Sohn zuletzt ein

Räuber und Mörder wurde, der, als er nach Hause kam, seine Eltern verleugnete, dann aber die ganze Familie ins tiefste Unglück stürzte; zuletzt wird er ergriffen und geblendet; so kommt er nochmals nach Hause und fleht seine Eltern an ihn aufzunehmen, doch der Vater jagt ihn jetzt fort, die Bauern, die er beraubt und geplündert hatte, fangen den Blinden und hängen ihn an einen Baum. Wir geben die eines gewissen Humors nicht entbehrende Schilderung der ersten Rückkehr des verdorbenen Sohnes in die Heimat. Daß er lateinisch spricht, böhmische Brocken einwirft, mit Vorliebe aber in niederdeutscher (sächsischer) Rede sich ergeht, zeigt uns, wie schon damals vornehm tun wollende Leute mit Fremdwörtern sich aufzublähen pflegten. Man vgl. das Wörterbuch.

Der Minnesang.

Als die deutsche Lyrik erblühte, wählte sie zunächst die Form der kurzen Reimpaare, nahm also Verse mit vier Betonungen, während die unbetonten Silben (Senkungen) fehlen konnten. Man verband meist drei Reimpaare zu einer Singstrophe. Da man es aber liebte, die Schlußzeilen zu verlängern und zu Kehrversen (Refrain) auszugestalten, so bildete sich allmählich eine Dreiteiligkeit der Strophe heraus, zwei Stollen und ein Abgesang, wozu schon in der altheidnischen Form der Alliteration Ansätze wahrnehmbar sind, indem zweien Stäben (Stollen) ein Hauptstab folgte. Heinrich von Veldeke steht auch in der Ausbildung der dreiteiligen Strophe an der Spitze des Zeitalters. Immer mehr kommen nun verschlungene, im Silbenmaß wechselnde Reimzeilen auf; der Gesang forderte gleichmäßigen Bau der einzelnen Strophen eines Liedes, so daß zwar ein Auftakt beliebig genommen werden oder auch fehlen konnte, jedoch immer mehr rein jambische oder rein trochäisch gebaute Strophen üblich wurden, sogar daktylisch oder anapästisch gebaute. Immerhin blieb es Zufall, ob die Zeile betont oder unbetont begann, ob man sie also als trochäisch oder jambisch ansprechen soll. Das Gefühl für diesen Unterschied war dem Mittelalter noch fremd, erst Opitz weckte es.

War die Stammsilbe eines Wortes kurz, so galt die zweite Silbe als stumm, wurde als nicht vorhanden betrachtet, so daß also klagen und sagen (mit kurzem a) als einsilbige Wörter angesehen wurden.

Die Abschleifung der Endungen schuf eine im Althochdeutschen unbekannte Fülle von sich reimenden Worten, so reimten jetzt z. B. eben, reben, wir leben, Formen, die sonst lauteten: epan, repono, lepemês, also keineswegs Reime darstellten.

Da also die Reimnot überwunden war durch die Entwicklung der Sprache, gingen die Liederdichter immer mehr darauf aus, völlig reine Reime zu wählen und künstlich verschränkte Strophen, bis dies Streben im 15. Jahrhundert in Künstelei und Überladung endete, dem notwendig Verwilderung folgte.

Die Minnesänger waren meist unbemittelte fahrende Leute adeligen Standes, die an Fürstenhöfen dauernde Stellung suchten und auf die Freigebigkeit (Milde) der Fürsten rechneten, in deren Dienst sie sich begeben hatten. Zu den von ihnen gedichteten Liedern dichteten sie auch selbst die Weise, den Ton, und trugen sie auch selbst vor. Strophenbau und Weise galten als geistiges Eigentum, wer sie nachahmte, den hieß man „Tönedieb", es sei denn, daß er ausdrücklich hinzufügte: „im Tone Reinmar des Alten" oder ähnlich. Sie verherrlichten mit Vorliebe die „Minne", d. h. Liebe im Sinne von „meinen", an jemand gedenken, und zwar die „hohe Minne", d. h. Verherrlichung hochgestellter Damen. Diese mit Namen zu nennen, war unfein. Verhältnismäßig selten sind Töne von echter Herzensneigung, aber doch vorhanden, besonders wenn es sich um Liebe zu einem nicht ebenbürtigen Mädchen handelte, um „niedere Minne".

Die „Sprüche" wurden vermutlich in singendem Tone gesprochen, zeigen auch selten den dreiteiligen Strophenbau, sie waren kein Minnegesang, sondern politische Betrachtungen, persönliche Beziehungen, Lebensweisheit. Auch die Leiche zeigen keine gleichmäßig gebauten Strophen, schließen sich vielmehr in der Form den kirchlichen Gesängen an. Die

Meistersänger hoben später das in den Staub gefallene Erbe wieder auf und suchten es in ihrer Art zu verwenden.

Die reichste Sammlung von Liedern der Minnesänger ist uns in der Manessischen Handschrift erhalten. Im 14. Jahrhundert von verschiedenen Händen, vielleicht für den Züricher Ratsherrn Manesse geschrieben, enthält sie auf 429 Pergamentblättern in Folio über 7000 Strophen von 140 Dichtern und 137 je eine Seite einnehmende Bilder. Der Band wurde 1607 für die Heidelberger Bibliothek angekauft, kam aber im 30jährigen Krieg nach Paris. Durch Kaiser Friedrich wurde er 1888 wieder für Heidelberg erworben. Auch eine zweite Heidelberger Handschrift und die Weingartner Handschrift, im Besitze des Königs von Württemberg, enthalten zahlreiche Lieder. Die Niederschriften vieler Melodien sind gleichfalls erhalten.

Zu Nr. 14 (Kürenberg, der Falke): Stand und Heimat des Dichters sind nicht bekannt; es gab ein Geschlecht dieses Namens, dessen Burg bei Linz an der Donau stand; auch in Bayern war ein solches Geschlecht. Man darf wohl als Zeitalter des Dichters das letzte Viertel des 12. Jahrhunderts ansetzen, da die Sprache noch altertümlich ist und Strophenform und Reim noch wenig entwickelt sind. Weil des Kürenbergers Weise große Ähnlichkeit mit der Nibelungenstrophe hat, so hat Pfeiffer die Vermutung ausgesprochen, er sei der Dichter des Nibelungenliedes; von dieser Annahme ist man jedoch zurückgekommen. — Das Gedicht „der Falke“ hat etwas Episches, ahnungsvoll Unbestimmtes, was an das Volkslied erinnert und ihm einen eigentümlichen Reiz verleiht.

Zu Nr. 15 (Ditmar von Aist, Der Falke): Der Dichter stammte aus freiherrlichem Geschlecht, das ob der Ens saß und seinen Namen vom Flüßchen Aist, sonst Agist genannt, herleitete. In Urkunden wird er 1143 genannt, 1171 lebte er nicht mehr. Seine Lieder sind altertümlich im Ton, da aber unter seinem Namen auch solche gehen, die der Sprache nach auf eine spätere Zeit weisen, so glaubt man, daß es auch einen jüngeren Dichter dieses Namens gegeben habe. Heinrich von Türlein klagt 1220, daß er nicht mehr am Leben sei. Auch dies Lied zeigt den Minnegesang noch unentwickelt, offenbar an volkstümliche Dichtung sich anlehnend.

Zu Nr. 16 (Heinrich von Morungen, Liebesklage): Der Dichter war ein Thüringer, wo bei Sangerhausen ein Geschlecht dieses Namens blühte. Auch in Meißen lebte 1220 in vorgerücktem Alter ein Heinrich von Morungen, vielleicht unser Dichter. Von ihm haben sich zahlreiche Lieder erhalten, seine Mundart ist ausgesprochen thüringisch; er ist der bedeutendste Lyriker der Frühzeit des klassischen Minnegesanges und hat stark auf Walther von der Vogelweide eingewirkt, jedenfalls sind in dessen Liedern viele Anklänge an Heinrich von Morungen nachzuweisen, obwohl Walther ihn nie genannt hat.

Zu Nr. 17 (Kaiser Heinrich VI., Der Minne Freud und Leid): Es ist nicht ganz unbestritten, ob das Lied wirklich von dem Kaiser herrührt, dem Bruder Barbarossas, der von 1190—1197 regierte. In der Manessischen Sammlung ist es ihm zugeschrieben.

Zu Nr. 18 (Reinmar, Der Name Weib): Der Dichter ist zwischen 1150 und 1160 im Elsaß geboren und ohne Zweifel die Hagenauer Nachtigall, die Gottfried von Straßburg preist (vgl. Seite 61). Reinmar war ein Dienstmann und hielt sich am österreichischen Hof auf, wo er auf Walthers von der Vogelweide Entwicklung starken Einfluß hatte, trotzdem dieser nicht besonders freundschaftlich zu ihm stand. Reinmar machte den Kreuzzug 1190 mit. Zur Unterscheidung von dem jüngern Reinmar von Zweter gab man ihm den Beinamen „der Alte". Walther beklagte seinen Tod. Er ist nach Walther der fruchtbarste aller Minnesänger. Das vorliegende Lied eröffnet die lange Reihe von Gedichten, die über den Vorzug der Namen Frau und Weib streiten; Frau ist die besondere Benennung einer vornehmen Dame und bedeutet Herrin (gotisch frauja der Herr), während Weib der Gattungsname ist.

Walther von der Vogelweide.

Walther ist der größte Lyriker des deutschen Mittelalters. Er gehörte dem niedern Dienstadel an und stammte aus Österreich. Da es überaus zahlreiche Höfe gibt, die Vogelweide heißen, so ist seine engere Heimat nicht einwandfrei festzustellen: man nimmt meistens den Vogelweiderhof im Eisacktal in Südtirol als seine Heimat an. Sein Leben ist aus seinen Dichtungen zu entnehmen. Geboren ist er um 1170; in Österreich lernte er singen und sagen. Nach dem Tode seines Gönners, des Herzogs Friedrich, ging er nach Mainz, wo er 1198 im Gefolge König Philipps bei dessen Krönung zugegen war; 1199 beging er mit dem König zu Magdeburg das Weihnachtsfest. Im Jahre 1200 war er in Wien, 1202 am Thüringer Hof, wo er mit Wolfram von Eschenbach bekannt wurde. 1203 ist er in einem gewissen Dienstverhältnis zu Bischof Wolfker von Passau. Nach Philipps Ermordung 1208 trat Walther in den Dienst des neuen Königs Otto. 1212 und 1213 finden wir ihn am Hofe des Markgrafen Dietrich von Meißen. Als der junge Friedrich II. in Deutschland erschien, um den Thron seines Vaters zu besteigen, jubelte ihm Walther begeistert zu und wandte sich entschieden von Otto ab. Walther hielt sich um 1217 beim Herzog Leopold von Österreich auf, sowie beim Herzog von Kärnten. Der Kaiser gab ihm 1220 ein Lehen und machte ihn dadurch zu einem unabhängigen Mann. Er weilte 1220 beim Bischof Engelbert von Köln; tief schmerzlich berührte ihn die Kunde von dessen Ermordung bei Gevelsberg (7. November 1225). Walther ist um 1230 vermutlich in Würzburg gestorben und ward im Kreuzgang des neuen Münsters daselbst begraben.

Eine sinnige Sage berichtet, er habe vor seinem Tode eine Stiftung gemacht, deren Ertrag verwandt werden sollte, den Vöglein, die er so geliebt, auf seinem Grabstein Futter hinzustreuen.

Zu Nr. 20 (Frau oder Weib?): Zu Frau und Weib vgl. Erläuterung zu Nr. 18. Walther will sittliche Scheidung, erklärt den Standesunterschied für eitel, er greift also die Etikette an und huldigt dem ganzen Geschlecht; weil alle Weiber sind, so krönt sie alle der Name Weib.

Zu Nr. 22 (Walther und Hildegunde): Den Namen der Geliebten zu nennen, galt für einen groben Verstoß gegen höfische Sitte; nennt hier Walther den Namen Hildegunde, so geschieht das nur in Anspielung auf das sagenhafte Paar: Walther und Hildegunde.

Zu Nr. 23 (Tanzlied): Er sucht die Erwählte des vorigen Jahres unter den Tänzerinnen; die beiden ersten Strophen sind Erzählung, die dritte ist Gegenwart, die vierte Aufforderung an ein Mädchen zum Tanz, die fünfte gehört nicht in den zeitlichen Zusammenhang, ist nur ein Tanzlied; Erzählung ist bei Walther sehr selten. Der Tanz ist höfisch und wird geschritten, der Reihen ist bäurisch und wird unter der Dorflinde gesprungen. Den Tanz begleitet ein Lied; den Reihen ein Leich.

Zu Nr. 29 (Im Wahlstreit 1198): Die machtlosen Könige sind Otto von Braunschweig und die ihm anhängenden Fürsten.

Zu Nr. 30 (Weihnachtsfest zu Magdeburg 1199): Philipp war selbst König, Sohn Kaiser Friedrichs I., Bruder Kaiser Heinrichs VI., er vereint also drei Personen in einer (omne trinum perfectum, Anspielung auf die Dreieinigkeit); der Herzog Bernhard von Sachsen trug das Schwert vor.

Zu Nr. 31 (Rom und das Reich): Die zwei Könige, die man betrügt, sind Philipp und Friedrich. Mit Pfaffen und Laien sind die Parteien gemeint, die Pfaffenpartei ist die Ottos, die Laienpartei die Philipps. Nach des Dichters Ansicht sollte Otto in den Bann getan werden; der Papst Innozenz war 1198 erst 37 Jahre alt, als junger Mann hartnäckig, nicht milde. Das Interdikt verursachte vielerorten Störung des Gottesdienstes. Der Spruch hört eng zusammen mit Nr. 29 und mit dem bekannten: Ich saß auf einem Steine.

Zu Nr. 32 (Aus dem Lied der Kreuzfahrer): Aus diesem Lied ist wohl geschlossen worden, daß der Dichter am Kreuzzug teilgenommen habe und zwar an dem von 1228;

doch kann er auch sehr wohl im Auftrag eines Fürsten das Lied für die Kreuzfahrer gedichtet haben, ohne selbst mitgezogen zu sein. Das heilige Land ist nicht so geschildert, wie es einer beschrieben hätte, der selbst dort gewesen. Der Speer, mit dem Jesus durchstochen ward, ist 1098 vor Antiochia gefunden worden, Dornenkrone und Kreuz wurden in Konstantinopel verwahrt, bis 1238 der lateinische Kaiser sie den Venezianern überließ, die sie dann an Ludwig den Heiligen abtraten. Diese Reliquien sind zugleich Abzeichen der kaiserlichen Würde.

Zu Nr. 33 (Mein Lehen, 1220): Daß mit dem Besitz eines Lehens, d. h. eines Rittergutes, der höchste Herzenswunsch des Dichters erfüllt wurde, ergibt sich aus dem Inhalt. Wo das Lehen lag, erfahren wir nicht, wahrscheinlich bei Würzburg. Es ist auch nicht zu erkennen, ob Walther dauernd in seinem neuen Heim gewohnt hat. Vielleicht hat er es wieder verpachtet, da sein Leben auch fernerhin unstet gewesen zu sein scheint.

Zu Nr. 34 (Heimkehr): Man hat daraus geschlossen, daß Walther im höheren Alter, als er mit dem Kreuzheer des Kaisers Friedrichs II. durch Tirol gezogen sei, seine Heimat wiedergesehen habe. Da das Gedicht drei Abteilungen hat: Vergangenheit, Gegenwart, Zukunft, von denen wir nur die erste wiedergeben, so schließt Wilmanns, der Dichter habe nur schildern wollen, wie die Welt überhaupt dem ältern Mann ein anderes Gesicht zeige als zu seiner Jugendzeit.

Zu Nr. 35 (Hartmann von der Aue, Vornehme Frauen): Hartmann war Dienstmann der Herren von Aue in Schwaben, die in der Gegend von Rottenburg ansässig waren. Geboren zwischen 1160 und 1170, dichtete er von 1190 ab. Als Gottfried von Straßburg im Tristan seine Sangesgenossen pries, lebte Hartmann noch, 1220 klagte Heinrich von Türlein um seinen Tod. Vgl. oben Seite 235.

Neidhart von Reuental

war ein bayrischer Ritter aus niederm Dienstadel, sein Gut Reuental, das er von seiner Mutter ererbt, lag bei Landshut; urkundlich wird er nicht genannt.

Im Jahre 1216 war er als Dichter schon bekannt, 1217 bis 1219 nahm er am Kreuzzug Herzog Leopolds IV. teil.

Nachdem er die Gunst des Herzogs von Bayern verloren, verließ er sein Vaterland und kehrte nicht mehr in die Heimat zurück. Er wohnte in Medlick bei Wien, wo er große Ausgaben und kleine Einnahmen hatte, wie er klagt; 1245 lebte er noch. Neidhart war der erste höfische Dichter, der es wagte, das Leben und Treiben der Bauern zu schildern, mit Vorliebe ihre Reihentänze, ihre Sucht, es den Rittern in Kleidung und Sitte nachzutun, ihre Streitigkeiten, alles nicht ohne Ironie, so daß seine Schilderungen an flandrische und holländische Gemälde von Breughel, Teniers und Ostade erinnern. Neidhart wurde deshalb von den höfischen Dichtern lange Zeit verachtet. Erst in neuerer Zeit schätzt man seine Lyrik wieder hoch ein wegen der Leichtigkeit und des Zaubers in der Form und wegen der treuen Beobachtung des Volkslebens; auch kulturgeschichtlich sind seine Lieder wichtige Denkmäler.

Zu Nr. 36 (Wintertanz in der Bauernstube): Nach der dritten Strophe ist hier eine Strophe fortgeblieben, die sich tadelnd gegen die Sitte wendet, daß die Mädchen den Nacken frei lassen, dagegen das Gesicht durch große Hüte verdecken; sie sollen es doch umgekehrt machen, sie brauchen keine Sturmhaube wie ein gepanzerter Ritter oder ein Turnierroß, denn niemand will sie bekämpfen. Die Namen sind meist Kürzungen deutscher Personennamen, so kann Eppe verkürzt sein aus Adbert, Geppe aus Gebhart, Gumpe aus Gundbert, Kunzel aus Kuonrat, Matze und Metzel aus Mathilde.

Zu Nr. 38 (In Neidharts Art, Der schöne Kunzel): Sind die echten Lieder Neidharts schon sehr zahlreich, so gehen auf seinen Namen auch viele, oft recht plumpe und rohe Nachahmungen; wir geben ein besonders lustiges Stücklein dieser Art hier wieder.

Zu Nr. 39 (Markgraf Otto von Brandenburg mit dem Pfeil, Hohe Minne): Otto IV. regierte von 1267 bis 1307. Bei der Belagerung von Staßfurt erhielt er einen Pfeilschuß in die Stirn, die Pfeilspitze blieb ein ganzes Jahr lang stecken, bis sie heraus eiterte. Er vermählte sich 1261 mit Heilwig, der Tochter Johanns von Holstein. Im Streit mit dem Erzbischof von Magdeburg wurde er 1278 gefangen und durch seine Gemahlin gelöst. Begraben ward er im Kloster Chorin. Er pflegte eifrig die Dichtkunst und wird von Heinrich von Meißen hoch gerühmt.

Zu Nr. 40 (Ulrich von Lichtenstein, Liebe und Minne): In Urkunden erscheint der Dichter von 1227 bis 1274; er wird genannt Truchseß der Steiermark, später auch Marschall. Er verfaßte 1255 das wahrscheinlich nicht ernst, sondern nur als Satire zu nehmende Buch „Frauendienst". Darin berichtet er, wie er seit 1223 im Minnedienst einer adeligen Dame gestanden, die ihn zu den tollsten Streichen getrieben habe. Er lebte in glücklicher Ehe, aber nicht mit dieser Dame. Das hier wiedergegebene Lied erinnert in Form, Inhalt und Wendungen auffallend an Gedichte aus der schlesischen Schule des 17. Jahrh.

Zu Nr. 41 (Tannhäuser, Schwere Aufgaben): Das Geschlecht derer von Tanhusen kommt urkundlich in Salzburg und Bayern vor, aber auch in Schwaben und Franken. Unser Tannhäuser dichtete etwa in den Jahren von 1240 bis 1270. Er führte ein unstetes Wanderleben, das ihn auch über Deutschlands Grenzen hinaus und übers Meer führte. Seine Gestalt ging früh in Volkslieder und Sage über, und die Erinnerung an ihn lebte noch lange fort.

Zu Nr. 42 (Frauenlob, Lob der Frau): Heinrich von Meißen war ein fahrender Sänger bürgerlicher Herkunft; er hatte eine bedeutende gelehrte Bildung erworben, mit der er sich gern brüstete. Er machte im Heer Kaiser Rudolfs 1278 die Schlacht auf dem Marchfelde mit, weilte dann in Prag, in Norddeutschland, von 1312 ab in Mainz, wo er einen lange fortgesetzten Liederstreit mit Meister Regenbogen hatte, ob der Name Weib oder Frau edler sei. Heinrich von Meißen trat so entschieden für den Namen Frau ein, daß er davon den Beinamen Frauenlob erwarb, und als er am 19. November 1318 starb, von den Mainzer Frauen ehrenvoll im Kreuzgang des Domes zu Grabe getragen wurde mit reichlichen Wein- und Blumenspenden.

Seine außerordentlich zahlreichen Lieder sind ruhmredig, schwülstig, formgewandt, aber ohne tieferes Gefühl; er stellte sich unbefangen über alle ältern Meister, besonders auch über Walther. Gerade sein großes Selbstbewußtsein stärkte sein Ansehen bei den Mitlebenden. Wird berichtet, er sei der Gründer der Meistersingerschule zu Mainz gewesen, so ist das nicht ohne innere Berechtigung. Jetzt können wir seine Dichtungen nicht mehr hoch einschätzen.

Zu Nr. 43 (Freidanks Bescheidenheit): Ob Freidank ein erfundener oder der wirkliche Name des Dichters ist, ist nicht aufzuklären. Man glaubte wohl, die Spruchsammlung „Bescheidenheit", d. h. die Bescheid gebende Weisheit, die zwischen 1216 und 1229 geschaffen sein muß, rühre von Walther von der Vogelweide her, doch ist man von dieser Ansicht abgekommen. Der Dichter nahm an dem Kreuzzug Friedrichs II. 1228 teil, er war ein Süddeutscher; begraben ward er in Treviso bei Padua. Das Büchlein hat sich am längsten von den mittelalterlichen Dichtungen erhalten, noch Sebastian Brant hat es in Überarbeitung drucken lassen.

Zu Nr. 44 (Priameln): Das Wort praeambulum bedeutet Vorspiel; man nannte so Sinnsprüche, wo auf eine Anzahl Vordersätze mit ähnlichem Sinn zuletzt eine Zeile folgt, welche das Gemeinsame zusammenfaßt. Solche Sprüche kommen bei Freidank vor, später bei Rosenblut, Folz und in volkstümlichen Sprichwörtern.

Zu Nr. 45 (Das jüngere Hildebrandslied): Das Gedicht stammt aus dem 15. Jahrhundert. Hier ist die Fassung gewählt, wie sie sich in den Denkmälern von Müllenhoff und Scherer findet; die letzte, dort nur bruchstückweise vorhandene Strophe ist in der Fassung von Uhland (Volkslieder) wiedergegeben. Das Hildebrandslied ist auch von Kaspar von der Roen um 1472 bearbeitet worden. Die Strophe ist eine Umbildung der Nibelungenstrophe und hat unter dem Namen Hildebrandsstrophe alle Stürme der Zeit überdauert. Sie ist unter anderm in dem Liede von Paul Gerhardt angewandt: Befiehl du deine Wege. Der glückliche

Ausgang steht in Widerspruch mit der ältesten Überlieferung der Sage.

Zu Nr. 46 (Reineke Fuchs): Im Jahre 1498 ward zu Lübeck in niederdeutscher Sprache der „Reinke de Vos" gedruckt; die Dichtung ist eine Bearbeitung des niederländischen „Reinaert" des Heinrik van Alkmaer, der 1487 zu Antwerpen gedruckt erschien. Dies Buch geht wiederum zurück auf den mittelniederländischen Roman „van den Vos Reinaerde", den der Flamländer Willem in der Mitte des 13. Jahrhunderts nach dem altfranzösischen „roman de Renart" verfaßt hatte. Ohne noch weiter den Stammbaum der Tiersage zu verfolgen, bemerken wir nur, daß die Tiernamen teils dem Vorbild entlehnt, teils neu geschaffen sind, so heißt der Hahn bei Alkmaer Canteeler, im Niederdeutschen Henning, der Dachs holländisch Grimbert, niederdeutsch Grimbart usw. Die uns weniger geläufigen niederdeutschen Ausdrücke sind im Wörterbuch erklärt.

Zu Nr. 47 (Suso, Aus der ewigen Weisheit Büchlein): Heinrich Suso ist geboren um 1295 zu Überlingen am Bodensee, † 1366 zu Ulm. Er hieß eigentlich Heinrich vom Berg, war Dominikanermönch, Schüler des Mystikers Meister Eckard in Köln. Sein Hauptwerk, das Buch von der ewigen Weisheit, in Gesprächsform, war noch über 100 Jahre nachher im höchsten Ansehen; er kann ein Minnesänger in Prosa auf geistlichem Gebiete genannt werden.

Das Ende des Mittelalters.

Poetische Form war in den letzten Jahrhunderten des Mittelalters für alle weltlichen Stoffe beinahe selbstverständlich geworden, die kurzen Reimpaare überwucherten alles: Romane, Erzählungen, Schwänke, Chroniken, Legenden, alles mußte in Reimen auftreten. Nur Predigten, Erbauliches, Mystisches, Rechtsbücher, Urkunden, volkstümliche Heilkunde und Naturkunde zeigen die Prosaform. Im 15. Jahrhundert regte dann endlich das besonders seit Gründung von Stadtschulen stetig wachsende Lesebedürfnis dazu an, Romane und

Unterhaltungsschriften, Reisebeschreibungen, Übersetzungen und allerlei Lehrhaftes in Prosa abzufassen. Das ließ sich auch schneller niederschreiben. Die Stoffe wurden meist aus der Fremde hergeholt, nur der Eulenspiegel, das Lalenbuch und manch andere oft derbe Schwänke sind ganz auf deutschem Boden erwachsen.

Je mehr das Rittertum seine Bedeutung verlor, desto mehr schwand mit ihm die feine, höfische Sitte, die bewußt und zierlich ausgebildete dichterische Form. Die Bildung ging immer mehr auf den Bürgerstand über, und unter dessen Händen wurde der Minnesang zum Meistergesang; die langen gereimten Ritterabenteuer, die Taten der Helden von König Artus Tafelrunde gefielen zwar noch dem Stoffe nach, aber nicht mehr in dieser allzubreiten poetischen Form, darum wurde ihr Inhalt in Prosa umgesetzt und durch den neu erfundenen Buchdruck weiteren Volkskreisen zugänglich gemacht. Das ist der Ursprung der sogenannten „Volksbücher". Das 15. Jahrhundert war überhaupt eine Zeit der Gärung, es war das Zeitalter, wo in Italien der Humanismus und die Renaissancekunst erstand, wo neue Gedankenkreise von überallher auftauchten und alles in Aufregung versetzten, wo allerorten das unterwühlte Alte zusammenstürzte und neues Leben hervorsproßte, wo Universitäten gegründet, die lateinischen und griechischen Schriftsteller in kritischen Ausgaben gedruckt wurden, wo Erfindungen und Entdeckungen sich jagten, wo man neue Welten fand und neue Weltsysteme ahnte, wo Sternwarten gebaut wurden und die Bibel in die Muttersprache übersetzt wurde, wo Kirchenversammlungen über Umgestaltung des kirchlichen Lebens berieten und die Reformation sich vorbereitete — sollte in all den Umwälzungen sich die deutsche Sprache und Literatur nicht auch umwälzen? Und das wälzte sich um. Man las die altheidnischen klassischen Redner und Philosophen, man lernte mit ihren Augen sehen, und es kam langsam das Zeitalter der Prosa herangeschritten.

Eine deutsche Bibel wurde von 1466 bis 1522 achtzehnmal gedruckt, nur lag überall die kirchliche lateinische Übersetzung zugrunde, ihr Deutsch war steif und wenig verständlich, weil wortgetreue Übersetzung. Luther war es, der auf der Wartburg in zwei Monaten das Neue Testament aus dem griechischen Urtext ins Deutsche übertrug. Er machte sich dann mit Hilfe seiner Freunde auch an das Hebräische des Alten Testaments, und 1534 kam in Wittenberg die ganze deutsche Bibel heraus. Luther hat die Grundsätze, wonach er verfahren ist, in seinem Sendbrief vom Dolmetschen kurz dargelegt. Das Deutsch, dessen er sich bediente, war eine wohldurchdachte Mischung von Hochdeutsch und Niederdeutsch, unter Vorwiegen des hochdeutschen Charakters. Die Heimat Luthers war Mitteldeutschland, dessen Mundart diesen Doppelcharakter zeigte: die vielen Doppelvokale des Mittelhochdeutschen erscheinen fast alle aufgelöst in einfache Laute, die Abschleifung der Formen ist weiter fortgeschritten. Die Kanzleisprache der Regierungen hatte Luther sehr vorgearbeitet, d. h. die Sprache, in der die Behörden untereinander und mit dem Publikum verkehrten, die Sprache der Gesetze und Verordnungen, besonders die Kanzleisprache Kursachsens. Außer der Bibel waren es zahlreiche kleinere Schriften Luthers, seine Auslegung der Bibel, seine Predigten und Sendschreiben, die durch ganz Deutschland flogen und die Herrschaft gerade dieser Sprache so festigten, daß auf ihrer Grundlage sich endlich, nach so vielen Jahrhunderten, eine gemeinsame deutsche Schriftsprache aufbaute. Es ging das freilich langsamer als man gewöhnlich denkt: so mußte Bugenhagen Luthers Bibelübersetzung nochmals ins Niedersächsische übertragen; in Köln wie in Lübeck war noch weit über hundert Jahre lang das Niederdeutsche, und zwar in verschiedener Färbung, die amtliche Sprache, aber schließlich drang die neudeutsche einheitliche Schriftsprache überall durch, ohne landesherrliche Verordnungen, ganz von selbst. Luther ist einer der größten Sprachgewaltigen, die Deutschland hervorgebracht hat: da tauchen überall überraschende uns neu und doch bekannt anmutende Wendungen und Wortbildungen auf, anschauliche und treffende Bilder, Wohllaut und leichter Fluß der Rede, allgemein verständlicher Satzbau, der um so volkstümlicher und um so leichter zu verstehen ist, je unregelmäßiger der Satz erscheint, sobald wir ihn grammatisch erklären und analysieren wollen. Ein älterer Zeitgenosse Luthers ist Sebastian Brant, der noch die Anfänge der Reformation erlebte, ihr begeisterter Anhänger Johann Fischart.

In der gewaltigen Aufregung der Zeit, in all den Redekämpfen und Studien zog sich die Dichtung in eine Turmstube zurück und wartete, wie Dornröschen, auf eine spätere Erweckung aus dem Schlaf. Luther selbst war eine poetische und musikalische Natur, er hat bekanntlich tonangebende geistliche Lieder in erheblicher Zahl gedichtet. Aber während die Nürnberger Meistersinger ängstlich an den verwickelten dreiteiligen Strophen hingen, die sie sogar noch viel verwickelter zu machen strebten, zeigen Luthers Lieder die einfachen Formen des Volksliedes, nur sind dem Gesang zuliebe die Silben gezählt, ohne Rücksicht auf die Betonung zu nehmen: der Choralgesang mit seinen langangehaltenen Tönen dehnt eben die Silben, einerlei ob betont oder unbetont.

Bald nach den Aufregungen des Reformationszeitalters folgte dann eine Zeit geistiger Erschlaffung und Erstarrung, das Zeitalter der lutherischen Orthodoxie und der Gegenreformation; der immer noch zunehmende Einfluß des Lateinischen zog die Gelehrten vom Gebrauch der deutschen Sprache ab; die besten poetischen Talente in Deutschland gefielen sich darin, in lateinischer Sprache den Ovid und Virgil nachzuahmen, statt Deutsch zu singen, und so kam eine Zeit des Rückschlags, wo das geschriebene Deutsch zunehmend holpriger, unbeholfener und steifer wird, als sei die Sprache mit Zauberbanden gefesselt. Opitz und die deutschen Sprachgesellschaften, zuletzt noch Leibnitz suchten jeder in seiner Art der deutschen Rede wieder zu ihrer alten Würde und Hoheit zu verhelfen:

Insprinc haptbandun, invar vigandun!

Zu Nr. 48 (Rosenblut, Weingruß): Hans Rosenblut wirkte von 1430 bis 1460 in Nürnberg als Wappendichter, Schwankdichter und Meistersänger, besonders liebte er Weinsegen und Weingrüße.

Zu Nr. 49 (Hans Sachs, Kiff-Erbeskraut): Hans Sachs, geboren 5. Nov. 1494 zu Nürnberg, † 19. Januar 1576 ebenda. Der Nürnberger Schuhmacher Hans Sachs ist der berühmteste und fruchtbarste aller Meistersinger gewesen. Er selbst hat in 34 dicken Foliobänden seine Dichtungen niedergeschrieben, über 6000 an der Zahl, jedes Stück mit dem Datum der Entstehung versehen. Alle möglichen Gattungen der Poesie hat er gepflegt: das geistliche Lied, das Drama, das Fastnachtsspiel, den Schwank, vor allem aber den Meistergesang. Wir geben die Probe eines dieser Meistergesänge, der, wie alle, in dreiteiligen Strophen mit zwei Stollen und einem Abgesang verfaßt ist. Die Kifferbse muß wohl der damalige Name einer Erbsenart gewesen sein, doch ist dies Kraut auf das Keifen bezogen (keifen, kiff, gekiffen), ähnlich wie andere Pflanzen sinnbildlich verwandt werden, so Vergißmeinnicht und Jelängerjelieber.

Schütt' es der Ritt = schüttle es das Fieber; zwächt = wäscht; Bolz = Pfeil; durchächten = mit Ach und Weh durchdringen.

Zu Nr. 50 (Hans Sachs, Das Schlauraffenland): Die modernen Darstellungen dieses Schwanks gehen meist auf Hans Sachs zurück.

Tromm = ein kurzer runder Stamm oder Säule oder Block, davon Trommel und Trümmer. — fäht = fängt. — Schwarzbeere = Heidelbeere. — welcher Gehren wohl ist leben = wer Wohlleben begehrt. — schlüchtisch, abzuleiten von Schlucht in dem Sinne Schlund, also = verfressen.

Zu Nr. 51 (Hans Sachs, Die ungleichen Kinder Evä): Gaden = Gemach. — strehlen = kämmen. — loff = lief. — gestrobelt = ungekämmt. — dolpet = tölpisch. — dötschet = verrückt. — lötschet = latschig, sich rekelnd. — Hafner = Töpfer. Der Dichter hat denselben Stoff auch zweimal in dramatischer Form behandelt. Gottvater hört den Kindern Evä u. a. den kleinen lutherischen Katechismus ab.

Zu Nr. 52 (Luther, Frau Musika): Elisäus, auch Elisa genannt, Schüler des Elias, vgl. 2. Buch der Könige 3, 15.

Zu Nr. 53 (Luther, Der Psalter): In seiner Bibelübersetzung gab Luther vor jedem biblischen Buch eine kurze Vorrede.

Zu Nr. 55 (Luther, Vom Dolmetschen): Dem Sendbrief vom Dolmetschen (1530) entnommen, gerichtet an seinen Drucker Hans Link in Wittenberg.

Zu Nr. 56 (Luther, Vom Reichstag der Dohlen und Krähen): Rubet = Gehölz; entsitzen = entweichen.

Zu Nr. 57 (Brant, Von unnützen Büchern): Sebastian Brant ist geboren 1458 zu Straßburg, † 10. Mai 1521 ebenda. Er studierte in Basel die Rechte und wirkte dort und später in Straßburg als Humanist und Schriftsteller. 1494 erschien sein Narrenschiff, eine allegorische Dichtung, in der ein Schiff beschrieben wird, das nach Narragonien fährt und mit lauter Narren besetzt ist. Es werden darin die Torheiten der Menschen, ihre Leidenschaften und die Verkehrtheiten der einzelnen Stände gegeißelt. Das Buch ist mit vielen kräftigen Holzschnitten geschmückt und zwar so, daß Bild und Text untrennbar zueinander gehören.

Das Narrenschiff hatte einen beispiellosen Erfolg, es wurde unzählige Male gedruckt und nachgedruckt in allen Teilen Deutschlands, in viele fremden Sprachen übersetzt, schon 1497 ins Lateinische. Unser Holzschnitt ist der lateinischen Ausgabe, Basel 1497, entnommen und zwar einem Exemplar im Besitze der Koblenzer Stadtbibliothek mit hervorragend scharfen Holzschnitten. Gucklus soll das lateinische cuculus = Kuckuck sein.

Zu Nr. 58 (Fischart, Aus dem Glückhaften Schiff): Johann Fischart ist geboren um 1550 zu Mainz, † um 1590 zu Forbach bei Saarbrücken. Auf weiten Reisen lernte er fremde Länder und Sprachen kennen. In Straßburg wurde er Doktor der Rechte, später Advokat am Reichskammergericht zu Speyer, dann Amtmann in Forbach. Sein Hauptwerk ist die Geschichtsklitterung, worin er eine unerhörte und abenteuerliche Kraft der Wortbildung und des Witzes entfaltet; die Darstellung gleicht einem Gewirr von Schlingpflanzen. Einfacher und klarer ist das erzählende Gedicht „Das glückhafte Schiff", wo die Fahrt von 54 Züricher Schützen auf das Schützenfest in Straßburg beschrieben wird. Diese Fahrt war am 20. Juni 1576.

Zu Nr. 59 (Spee, Lob Gottes aus der Schöpfung): Friedrich von Spee ist geboren 1595 zu Kaiserswerth, † 7. August 1635 zu Trier. Er war Jesuit und machte sich verdient als erster Bekämpfer der Hexenprozesse. Seine geistlichen Lieder erschienen nach seinem Tode unter dem Titel „Trutz Nachtigal". Vgl. Seite 265.

Martin Opitz.

Martin Opitz ist am 23. Dez. 1597 zu Bunzlau geboren, † 20. August 1639 zu Danzig. Schon als Schüler hervorragend, studierte er in Heidelberg, Leyden, Paris, trat in die Dienste des Herzogs von Brieg, wurde in Wien vom Kaiser zum Poeten gekrönt und in den Adelsstand erhoben. Im dreißigjährigen Kriege war er als Diplomat für die kaiserliche Partei tätig, obwohl selbst reformierter Konfession. Vom König von Polen zum Hofhistoriographen ernannt, zog er nach Danzig, wo er schon 1639 an der Pest starb.

Im Jahre 1624 gab er das „Buch von der deutschen Poeterei" heraus, aus dem wir einen Abschnitt mitteilen. Er empfahl den deutschen Dichtern nach dem Vorbild der Lateiner, Italiener und Franzosen, die Verse als jambische und trochäische zu bilden; wo das Lateinische lange Silben habe, solle im Deutschen eine betonte Silbe stehen, statt der kurzen Silben unbetonte. Die deutsche Dichtung hat sich über hundert Jahre lang an die von Opitz aufgestellten Gesetze gehalten, obwohl sie im Grunde eine unnatürliche Vermischung der antiken musikalischen Metrik mit der deutschen Betonungsmetrik bedeuten. Die zahlreichen Dichtungen des Opitz sind ebenso hölzern und trocken wie seine Prosa, auch sehr abhängig von fremden Mustern; so ist die gepriesene Ode, die wir Seite 174 abgedruckt haben, freie Übersetzung des hier folgenden Gedichtes von Ronsard (Odes 2, 18).

A son laquais.

J'ay l'esprit tout ennuyé
D'avoir trop estudié
Les Phenomenes d'Arate:
Il est temps que je m'esbate
Et que j'aille aux champs jouer.
Bons dieux! qui voudroit louer
Ceux qui, collez sur un livre,
N'ont jamais soucy de vivre?

Que nous sert l'estudier,
Sinon de nous ennuyer
Et soing dessus soing accrestre,
A nous qui serons peut-estre,
Ou ce matin, ou ce soir,
Victime de l'orque noir,
De l'orque qui ne pardonne,
Tant il est fier, à personne?

Corydon, marche devant;
Sçache où le bon vin se vend.
Fais après à ma bouteille
Des feuilles de quelque treille,
Un tapon pour la boucher.
Ne m'achete point de chair,
Car, tant soit elle friande,
L'esté je hay la viande.

Achete des abricôs,
Des pompons, des artichôs,
Des fraises et de la crême:
C'est en esté ce que j'aime,
Quand sur le bord d'un ruisseau
Je les mange au bruit de l'eau,
Estendu sur le rivage
Ou dans un antre sauvage.

Ores qui je suis dispos,
Je veux rire sans repos,
De peur que la maladie
Un de ces jours ne me die,
Me happant à l'impourveu:
„Meurs, gallant: c'est assez beu."

Ronsard (1524—1585) ist derjenige französische Dichter, der dadurch, daß er bewußt die altklassischen römischen Dichter, daneben auch die italienischen als Muster aufstellte und nachahmte, der mittelalterlich-romantischen französischen Literatur ein Ende machte und ganz neue Stilgesetze einführte. Er wurde von den Zeitgenossen über alles Maß gepriesen. Opitz hoffte, der Ronsard der deutschen Dichtung zu werden.

Zu Nr. 60 (Opitz, Aus dem Buch von der deutschen Poeterei). Sannazaro (1458—1530) war ein berühmter italienischer und zugleich neulateinischer Dichter; Lotichius ein deutscher, der als neulateinischer Dichter sich Ruhm erwarb, noch mehr aber sein gleichnamiger Neffe, der gewöhnlich zur Unterscheidung von seinem Oheim Secundus genannt wurde. Geboren in Schlüchtern bei Hanau 1528, starb er 1560 als Professor der Medizin zu Heidelberg. Er ahmte mit Glück Ovid nach; Daniel Heinsius (1580—1655) war der gefeiertste Philologe und Kritiker seiner Zeit, auch neulateinischer Dichter; er ist in Gent geboren und starb als Universitätsprofessor in Leyden.

Zu Nr. 61 (Gryphius, Szenen aus Horribilicribrifax): Andreas Gryphius, geboren zu Glogau 2. Oktober 1616, gestorben daselbst 16. Juli 1664. Frühreif, sprachenkundig, reiste er als Hauslehrer mit adeligen Zöglingen nach Holland, wo er sich sechs Jahre aufhielt, kehrte durch Frankreich und Italien in seine Heimat zurück, wo er dann bis zu seinem Tode als Syndikus lebte. Er ist der bedeutendste deutsche Dramatiker jener Zeit, stark beeinflußt durch den holländischen Dichter van den Vondel, besonders in seinen Trauerspielen. Selbständiger sind seine Lustspiele, unter denen die geliebte Dornrose und Horribilicribrifax die besten sind. Die hier eingestreuten Zitate aus fremden Sprachen sind absichtlich fehlerhaft, die lateinischen Namen sind blühender Unsinn; das Italienische bedeutet: „Ich habe die Hölle und alle Teufel besiegt — um diese übermütige Anmaßung nicht länger zu dulden — ich atme Tod und Wut — mein hochberühmter Bruder."

Skanderbeg, d. h. Alexander der Fürst, war der Befreier Albaniens vom Türkenjoch (1404—1466), der mit beispielloser Verwegenheit seine Heimat freimachte und frei bewahrte. Zwölf Jahre nach seinem Tode fiel das Land wieder in die Hände der Türken; Tamerlan (1336—1405) war der mongolische Herrscher, der Persien und Indien eroberte und starb, als er einen Zug gegen China vorbereitete.

Zu Nr. 62 (Schupp, Aus dem deutschen Lehrmeister): Johann Balthasar Schupp ist geboren zu Gießen 1. März 1610, † zu Hamburg 26. Oktober 1661. Er war Pfarrer zu Braubach am Rhein, hielt 1648 die Friedenspredigt in Münster und ward daraufhin als Prediger an die Nicolaikirche nach Hamburg berufen. Nach seiner Studienzeit reiste er als Hofmeister eines jungen Adligen durch Europa. Seine Predigten und sonstigen Prosaschriften sind frisch, humorvoll und volkstümlich, so daß er einer der wenigen urwüchsigen Prosaschriftsteller jener Zeit ist. Der „Deutsche Lehrmeister, ein Diskurs von Erlernung und Fortpflanzung der freien Künste und Wissenschaften in deutscher Sprache. Gehalten mit dem edlen Daphnis aus Cimbrien" berichtet über einen Besuch Schupps bei dem Dichter Johann Rist (1607—1667), seinem Amtsbruder. Geboren in Ottensen bei Altona, war Rist Pfarrer in dem holsteinischen Städtchen Wedel an der Elbe, unweit Hamburg, unterhalb Blankenese. Cimbrien ist Holstein, die nordischen Helden sind Schupp und Rist. Dieser wird Daphnis genannt nach dem sagenhaften griechischen Erfinder der Hirtenpoesie, Schupp Antenor nach dem weisen Trojanerhelden, der nach Norden ausgewandert war, wie Virgil berichtet. Schupp beginnt, um den überaus eitlen und ruhmsüchtigen Rist zu necken, sofort mit einer Anspielung auf den von Fürsten hochgeehrten Opitz und bedauert, daß Daphnis nicht ähnlich ausgezeichnet worden sei (obwohl auch Rist Ehren und Titel erhalten hatte). Dabei überschüttet Antenor den Gastfreund mit den wunderlichsten Fremdwörtern, aus purer Schelmerei, denn Rist war ja eifriges Mitglied der „Fruchtbringenden Gesellschaft", des deutschen Sprachvereins jener Tage. Auch stiftete er später, 1660, selbst einen Dichterverein, zu dem besonders noch Kindermann und Schwieger gehörten, jedoch nicht Schupp, der ja kein Dichter sein wollte.

Dieser Verein hieß der „Elbschwanenorden". Rist selbst war ein äußerst fruchtbarer Dichter, doch sind nur eine Anzahl seiner geistlichen Lieder, deren er 658 gedichtet hat, bekannt geblieben, wie „O Ewigkeit, du Donnerwort". Schupp hebt denn auch, um der Eitelkeit seines Wirtes zu schmeicheln, den Wert der Kirchenlieder gebührend hervor. Am Schluß des „Diskurses" schaut aber wieder der Schelm heraus, als Schupp berichtet, daß Daphnis von so vornehmen Leuten besucht worden sei, daß er selbst sich schleunigst habe zurückziehen müssen.

Mit „Obergebietiger" hat sich der derbe, nach Hamburg verschlagene Hesse übrigens geirrt, er hält das Wort für eine deutschtümelnde, willkürliche Bildung, was es nicht ist. Gebietiger war vielmehr im deutschen Ordensland Preußen ein Amtstitel, der also auch in Mecklenburg noch üblich war.

Zu Nr. 63 (Leibnitz, Aus den Gedanken über Verbesserung der deutschen Sprache): Freiherr G. W. von Leibnitz, geboren 3. Juli 1646 zu Leipzig, † 14. November 1716 zu Hannover, war Rat des Herzogs von Hannover, seit 1700 Präsident der neugestifteten Akademie der Wissenschaften in Berlin, gelehrter Freund der Königin Sophie Charlotte, gleichberühmt als Mathematiker, Philosoph, Rechtsgelehrter und Staatsmann. Über seine Stellung zur deutschen Sprache belehrt am besten der Aufsatz, aus dem wir einige Abschnitte mitteilen.

Es ereignet sich = man sieht, es liegt vor Augen. Noch Lessing schreibt: es eräugnet sich, da es von Auge herzuleiten ist; Abgang = Mangel; abgezogen = wörtliche Übersetzung von abstrakt; Liebhaber der Weisheit = ebenso von Philosophen; Denkkunst = Wissenschaft vom Denken, Logik; abfeimen = den Feim (Schaum) wegnehmen, klären, abgefeimt also = geklärt; metaphysisch ist hier ziemlich dasselbe wie philosophisch; schlecht = gerade, schlicht; Reichsabschiede = Reichstagsbeschlüsse; in die Rabuse gehen = zur Beute werden, verloren gehen; Reichsakta und Reichshandlungen = Reichstagsverhandlungen; verlegene Worte = bei Seite gelegte, nicht gebrauchte Wörter; Willküre = Verordnungen, Gesetze.

Der Froschmäuseler ist die umfangreiche dichterische Darstellung des Krieges zwischen Fröschen und Mäusen von Rollenhagen (1595); der deutsche Rabelais ist Fischarts „Geschichtsklitterung“ (1575), eine freie Bearbeitung des satirischen französischen Romans „Gargantua“ von Rabelais; der spanische Ritterroman „Amadis von Gallia“ wurde 1569 von dem Buchdrucker Sigismund Feierabend zu Frankfurt a. M. in 24 Büchern deutsch herausgegeben; das 6. Buch hat Fischart übersetzt, der auch eine gereimte Vorrede dazu schrieb; der Teuerdank ist die allegorische Selbstbiographie Kaiser Maximilians, die dieser unter Beihilfe von Melchior Pfinzing 1517 als Prachtwerk erscheinen ließ; Aventin (1477—1534) ist der Verfasser der berühmten „bayrischen Chronik“, die sich auch durch ihr gutes Deutsch auszeichnet; Johann Stumpf (1500—1576) hat eine geschichtlich-topographische Beschreibung der Schweiz geliefert; Theophrastus Bombastus Paracelsus, Schüler des sponheimischen Abtes Tritheim, hat zahlreiche chemische und naturwissenschaftliche Werke verfaßt.

Volkslieder und geistliche Lieder.

Die Abkürzungen sind S. 265 erklärt.

Zu Nr. 64 (Nachtigall, ich hör dich singen): E. B., ältere Fassung. Das Lied findet sich seit 1750 in einer Menge fliegender Blätter; die Strophenzahl ist verschieden, die hier abgedruckten drei Strophen sind jedoch in allen Texten gleich und finden sich auch in d. Kn. W.

Zu Nr. 65 (Da droben auf jenem Berge): Melodie nach E. B, Text nach d. Kn. W. Goethe sagt davon: „Für den, der die Lage fassen kann, unschätzbar.“

Zu Nr. 66 (Ach, wie ist's möglich dann): E. B., Text und Melodie vor 1820. Dieser ältere Text wurde 1824 durch Helmine Chézy umgeformt und erhielt durch F. Kücken 1827 eine neue Melodie, die das Volk sich aber in seiner Weise erst zurecht sang.

Zu Nr. 67 (Muß i denn): Sch., Text und Melodie schwäbisch, die zweite und dritte Strophe sind von dem Schwaben H. Wagner an Stelle der älteren grobbäurischen um 1840 hinzugedichtet und auch volkstümlich geworden.

Zu Nr. 68 (Morgen muß ich fort von hier): E. B., Text nach d. Kn. W.; eine Strophe ist, weil nicht im Volksgesang lebendig, weggelassen.

Zu Nr. 69 (Ich hort ein Sichellin rauschen): E. B., Text und Melodie aus dem 16. Jahrhundert.

Zu Nr. 70 (Jetz gang i ans Brünnele): E. B., Text und Melodie nach Silcher. Böhme sagt zu dem Liede: „Wohl haben Dichter und Musiker von hohem Ruf in gewaltigern und tiefern Tönen das wundersame Wesen der Liebe besungen, allein das „Brünnele" wird man singen, solange man auf gut schwäbisch liebt, das ist: treu, tiefsinnig, schalkhaft und ein wenig schwermütig."

Zu Nr. 71 (Es ritten drei Reiter): Text und Melodie nach Sch.

Zu Nr. 72 (Ich stand auf hohem Berge): Melodie, erste Weise, nach Sch. Der Text der Ballade ist in mancherlei Gestalt überliefert; meist endet die Ballade mit dem Tod des Ritters, der vor Gram stirbt.

Zu Nr. 73 (Et wassen twe Küeningeskinner): E. B., Text und Melodie aus dem Münsterland. Dieser niederdeutsche Text ist nach Böhme älter als der hochdeutsche.

Zu Nr. 74 (Es wollt ein Vogel Hochzeit machen): E. B. Das Lied ist in vielen Text- und Melodieformen, besonders aus Nord- und Ostdeutschland, überliefert.

Zu Nr. 75 (Im Winter ist ein kalte Zeit): E. B. Die drei letzten Strophen sind, weil offenbare Zudichtungen, weggelassen. Text und Melodie aus der ersten Hälfte des 16. Jahrh.

Zu Nr. 76 (Es, es, es und es): E. B. Melodie um 1826.

Zu Nr. 77 (Ein Jäger aus Kurpfalz): Text und Melodie nach E. Ld. Nach Böhme ist das Lied wohl zu Anfang des 18. Jahrh., der Blütezeit deutscher Jagdlust, entstanden; nachweisbar ist es erst nach 1750.

Zu Nr. 78 (Glück auf): E. B. Erste Melodie.

Zu Nr. 79 (Schlacht von Pavia): E. B. Die Melodie zum achtzeiligen Pavierliede entspricht der des Chorals

„Durch Adams Fall ist ganz verderbt". Die Weise war lange eine der beliebtesten im Volksliede.

Zu Nr. 80 (Der Reif und auch der kalte Schnee): E. B. Die Melodie, 16. Jahrh., ist auf Grund der erhaltenen Baß-Stimme von Böhme hergestellt. Text nach Uhland, aber mit einer von Rochus v. Liliencron vorgeschlagenen Besserung in der vierten Strophe.

Zu Nr. 81 (Prinz Eugenius): E. B. Melodie in der Taktierung Silchers (1860). Die Melodie ist vielleicht älter als der Text.

Zu Nr. 82 (Den liebsten Buhlen): E. B. Schon im 15. Jahrh. geistlich parodiert. Obige Melodie ist die im 16. und 17. Jahrh. gangbare.

Zu Nr. 83 (Wo soll ich mich hinkehren): Alter Text; von den bei E. B. abgedruckten elf Strophen geben wir nur vier. — Außer unserer neueren Dur-Melodie (1603) gibt es eine ältere schon 1523 gedruckte in Moll.

Zu Nr. 84 (Kühreihen): E. B. Von den vielen Strophen dieses Kühreihens geben wir zwei als Probe. Text und Melodie aus der Mitte des 18. Jahrhunderts, aufgeschrieben erst im Anfang des 19. Jahrhunderts. Lobe = die sanfte Kuh, die geschmückt dem Zuge voraufgeht. — Dreichelkuh = Glockenkuh. — Zyger = die geringste Sorte Schweizerkäse, käsiger Niederschlag nach der zweiten Scheidung. — Pelznideli = Milchrahm.

Zu Nr. 85 (Nimmt a Vogerl): E. B. Niederösterreichische Tanzweise.

Zu Nr. 86 (Bald gras ich am Acker): E. B. Die bekannte Melodie dieser beiden süddeutschen Schnadahüpfl-Strophen und die erste Strophe (entstellt!) selbst gingen in das jüngere Lied „Rheinischer Bundesring" (vgl. d. Kn. W.) über: „Bald gras ich am Neckar, bald gras ich am Rhein."

Zu Nr. 87 (Mei Schatz is e Reiter): E. B. Aus Hessen-Nassau.

Zu Nr. 88 (Kinderlied): Die herkömmliche Annahme, daß Bucco-Burchard, um 1074 Bischof von Halberstadt (bekannt als Kinderfreund) sei, wird neuerdings bestritten. Vgl.

E. B. und Erk-Irmer, Die deutschen Volkslieder, 1843, 6. Heft.

Zu Nr. 89 (Unsar trohtin): E. B. Petruslied aus dem 9. Jahrhundert; Form der Otfriedstrophe. B. hat hier einen ernsthaft begründeten Versuch gemacht, die in der Handschrift stehenden Neumen (d. h. die sehr schwer zu deutenden Notenzeichen des Mittelalters) zu entziffern. — Wahrscheinlich sang der Priester die Strophen, das Volk antwortete mit dem Kyrie. Die altdeutschen Formen sind im Wörterbuch erklärt.

Zu Nr. 91 (Es ist ein Ros entsprungen). B. 1. Bd. Ältester bekannter Druck des „alten Trierischen Christliedleins" aus dem Jahre 1599.

Zu Nr. 93 (Nu bitten wir den heiligen Geist): B. 1. Bd. Text der ersten Strophe und Weise im 13. Jahrhundert bekannt und erwähnt in den Predigten des Berthold von Regensburg.

Zu Nr. 95 (Geißlergesang): Melodie aufgefunden von W. Bäumker.

Zu Nr. 96 (O Welt, ich muß dich lassen): Obige geistliche Umdichtung geht auf den evangelischen Pfarrer Dr. J. Heß († 1547) zurück und wurde vom Volk lange Zeit bei Hinrichtungen und Beerdigungen gesungen.

Zu Nr. 97 (Maienzeit): von Neidhart von Reuental, für gemischten Chor bearbeitet von H. Riemann, dem Verfasser des Musik-Lexikons; Grundlage bildeten die Notenzeichen in der Nithart-Handschrift des 14. Jahrh., die v. d. Hagen im 4. Teile seiner „Deutschen Liederdichter" abgedruckt hat.

Zu Nr. 98 (Schnitter Tod): aus „Deutsche Volkslieder zur Gitarre", von Heinr. Scherrer. Die Lieder erscheinen in Einzelheften bei G. D. W. Callwey in München. Die Begleitung ist für die Laute bestimmt. Die Laute ist das ursprüngliche stilgemäße Begleitinstrument für den Volksgesang.

Nachweis der benutzten Quellen.

Die Zahlen in Klammern sind die Nummern der Stücke in der vorliegenden Sammlung.

Bartsch, Deutsche Dichtungen des Mittelalters, 2. Bd.: Reinke de Vos von K. Schröder, Leipzig, 1872. — Lübben, Reinke de Vos, nach der ältesten Ausgabe (Lübeck, 1498), Oldenburg, 1867 (46).

Bechstein, Gottfried von Straßburg, Tristan und Isolde, in den deutschen Klassikern des Mittelalters, 3. Aufl. Leipzig, 1890 (10, 11).

Bezzenberger, Fridankes Bescheidenheit, Halle, 1872 (43).

Bobertag, Sebastian Brants Narrenschiff, in Kürschners deutscher Nationalliteratur, Bd. 16, Berlin, o. J. (57).

Braune, Altdeutsches Lesebuch, Halle, 6. Aufl. 1907.

Braune, Neudrucke der Literatur des 16. und 17. Jahrhunderts, Halle, und zwar Hans Sachs, Fabeln und Schwänke, 1893—94, herausgeg. von Götze (49—51), Opitz, herausgeg. von Braune, 1902 (60), Gryphius, herausgeg. von Braune, 1883 (61).

v. d. Hagen, Gesamtabenteuer, 100 altdeutsche Erzählungen, 3 Bände, Stuttgart, 1850 (12, 13).

Heyne, Friedr. Ludw. Stamm's Ulfilas, oder die uns erhaltenen Denkmäler der gotischen Sprache, neu herausgegeben. Bibliothek der ältesten deutschen Literatur-Denkmäler, 1. Bd. 8. Aufl. Paderborn und Münster, 1885 (1).

Kehrein, Das Annolied, genauer Abdruck des Opitzischen Textes, Frankfurt a. M. 1865 (7).

Kelle, Otfrieds von Weißenburg Evangelienbuch, Regensburg, 1869 (5).

Luther, sämtliche Werke, Erlanger Ausgabe, 65 Bände deutscher Schriften, herausg. von Irmischer, Erlangen, 1826 bis 1855 (52—56). Nr. 53—56 mit Auslassungen.

Martin, Wolfram von Eschenbach, Halle, 1902 (8, 9).

Minnesang (14—42):

Bartsch-Golther, Deutsche Liederdichter des 12. bis 14. Jahrhunderts, 4. Aufl. Berlin, 1906.

v. d. Hagen, Deutsche Liederdichter des 12., 13. u. 14. Jahrhunderts, 4 Teile in 3 Bänden, Leipzig, 1838.

Haupt, Neithart von Reuenthal, Leipzig, 1858.

Lachmann, Die Gedichte Walthers von der Vogelweide, Berlin, 1827.

Lachmann und Haupt, Minnesangs Frühling, 3. Aufl. von Vogt, Leipzig, 1882.

Wilmanns, Walther von der Vogelweide, 2. Ausg., Halle, 1883.

Wilmanns, Walther von der Vogelweide, Textausgabe 2. Ausg. Halle, 1905; in der Sammlung germanistischer Hilfsmittel.

Müllenhoff-Scherer, Denkmäler deutscher Poesie und Prosa, 2. Aufl. von Steinmeyer, Berlin, 1892 (2, 3, 6, 45).

Sievers, Heliand, Halle, 1898 (4).

Spee, Trutz Nachtigal oder geistlichs-poetisch Lustwäldlein, 4. Aufl. Cöllen, in Verlag Wilh. Friessems Buchhdln. im Erzengel Gabriel in der Tranckgassen, Anno 1672 (59, um 10 Strophen gekürzt).

Volkslieder und geistliche Lieder (64—100):

B. = Wilh. Bäumker, Das kathol. Kirchenlied in seinen Singweisen. 3 Bde. Freiburg i. B.

E. B. = Erk-Böhme, Deutscher Liederhort. Auswahl der vorzüglicheren deutschen Volkslieder nach Wort und Weise aus der Vorzeit und Gegenwart. 3 Bde. 1893—1894. Lpzg. Breitkopf und Härtel.

E. Ld. = Erks Liederschatz, herausg. von Max Friedländer. 3 Bde.

d. Kn. W. = Des Knaben Wunderhorn, Heidelberg, 1808, 3 Bde.

Sch. = Georg Scherer, Die schönsten deutschen Volkslieder mit ihren eigentümlichen Singweisen. Stuttg. 1863.

Uhland, Alte hoch- und niederdeutsche Volkslieder. 1. Bd. Liedersammlung, Stuttgart und Tübingen, 1844.

Wackernagel, Proben der deutschen Prosa seit dem Jahre 1500. Basel, 3. Ausg. 1896 (44, 47, 48, 58, 62, 63).

Wörterbuch.

Abkürzungen:

adj. = Adjektiv.
adv. = Adverb.
ahd. = althochdeutsch.
alts. = altsächsisch.
anv. = anomales Verb.
niederd. = niederdeutsch.
pron. = Pronomen.
refl. = reflexiv.
stm. = starkes Maskulin.
stf. = starkes Feminin.
stn. = starkes Neutrum.
stm. f. = starkes Maskulin oder Feminin.
stv. = starkes Verb.
swm. = schwaches Maskulin.
swv. = schwaches Verb.

Da die im Text meist beigefügte neudeutsche Übersetzung in den meisten Fällen Erklärung und Wörterbuch ersetzt, so sind hier nur die Wörter aufgeführt, deren Sinn nicht ohne weiteres deutlich ist. Die hinzugefügte Zahl ist die Seitenzahl dieses Buches, wo das erklärte Wort vorkommt.

Gotisch.

A

aflaiþ, von afleiþan *stv.* fortgehen 2.

aihta, von aigan *anv.* haben, besitzen 2.

alaþarba, von alaþarbs *adj.* ganz darbend 2.

andvairþja, von andvairþi *stn.* Angesicht, Person 4.

asnje, *plur.* von asneis *stm.* Mietling 2.

B

bigitans, von bigitan *stv.* finden 4.

D

distahida, von distahjan *swv.* vergeuden, zerstreuen 2.

F

fraistubni *stf.* Versuchung 2.

fraqistna, von fraqistnan *anv.* umkommen 2.

fravas, von fravisan *anv.* verbrauchen, verschwenden 2.
fravaurhta, von fravaurkjan *anv.* verwirken, sündigen 4.
frumiston, von frumists, *superl.* der erste, der beste 4.

G

gaqiunoda, von gaqiunan *anv.* wieder aufleben 4.
gaskohi *stn.* ein Paar Schuhe 4.
gatavei, von gataujan *swv.* tun, machen 2.
gavasjiþ, von gavasjan *swv.* bekleiden (Seite 4 steht versehentlich: baden) 4.

I, J

infeinoda, von infeinan *anv.* sich rühren lassen, sich erbarmen 4.
jah *adv.* 1) und 2) aber.
ju *adv.* jetzt, schon.

K

kukida, von kukjan *swv.* küssen 4.

M

matidedun, von matjan *swv.* essen 2.

N

nauhþanuh *adv.* noch 2.

Q

qaþuþ, von qiþan *stv.* sprechen 2 (Seite 4, Zeile 9 soll es heißen qaþ).

S

sinteinan, von sinteins *adj.* täglich, stetig 2.
skalkam, von skalks *stm.* Diener 4.
sprauto *adv.* schnell 4.
sums *pron.* = ein; jemand, im *plural* etliche 2.

Þ

þanaseiþs *adv.* fortan 2.
þiudangardi *stf.* Königreich (Volksgarten) 2.
þiudinassus *stm.* Königreich 2.
þragjands, von þragjan laufen 4.

U

ufarassa *stm.* Überfluß *dat. sing.* ufarassau im Überfluß 2.
undrinnai, von undrinnan *stv.* bis zu jemand hinlaufen, ihm zufallen 4.
usstiuriba *adv.* zügellos, verschwenderisch 2.

V

vastja, von vasti *stf.* Kleid 4.
visando *stv.* bleiben, sich befinden, vaila visan sich wohl befinden, sich vergnügen 4.
vulþus *stm.* Herrlichkeit, Ruhm 2.

Althochdeutsch und Mittelhochdeutsch.

A

æber *stn.* Ort, wo der Schnee geschmolzen ist 32.

ambahtman *ahd.* Amtmann, Diener 10.

anderstunt, zum zweiten Mal 34.

aodlîhho *ahd. adv.* leichtlich (ôdi = leicht) 8.

arbi *ahd. stn.* Erbgut 6.

B

bano *ahd.* Tod, auch Mörder 8.

barn *ahd.* Sohn, *angelsächsisch:* bearn 6.

baz *adv. comp.* zu wol; besser, wahr 30.

begân *stv.* um etwas sorgen (unser „begehen“) 44.

bermit (statt permit) *stn.* Pergament 141.

besnaben *swv.* straucheln 54.

beswæren *swv.* beschweren, betrüben 46.

betrâgen *swv. unpers.* nicht gelüsten 36.

(bevât) von bevân *stv.* umfassen, einnehmen 78.

(bewac) von bewegen *stv., refl. mit gen.*, sich entschließen zu 32.

bickel *stm.* Würfel 52.

(bienen) von bannen *stv.* in den Bann tun 102.

bil, *gen.* billis, *ahd. stn.* Streitaxt, Beil 8.

bimentstank *ahd.* Duft von Pigment, Farbstoff, Kräutersaft, Balsam 16.

birahanan *ahd.* berauben 8.

(birehta) von birechten *swv.* ordnen 24.

bluotvar *adj.* blutfarben 141.

bouc *ahd. stm.* Spange, Armring 8.

brâ *st. swf.* Wimper, Braue 110.

brâschen *niederd. swv.* heulen 138.

breotan oder bredwian, *angelsächsisch*, niederstrecken, zerbrechen 8.

brüeven oder prüeven *swv.* rüsten, bewirten 110.

bruoch *stf.* Hose um Hüfte und Oberschenkel 74.

buoz *stm.* Besserung, Abhilfe 90.

(burhtin) statt bürtin, von büren, emporheben 20.

C

cheisuringu *ahd.* Münze vom oströmischen Kaiser, gebildet wie Schilling, Pfenning 8.

cier (zier) *stf.* zierde, Schmuck 24.

cnuosal *ahd. stn.* Geschlecht 6.

cuoniouuidi *ahd.* Kette, Fessel; die Herleitung ist dunkel 4.

D

dehein, dekein *adj.* irgendein, kein 75.

dê môtti *ahd.* wer es sich erlauben kann 10.

dêpe, *niederd. adj.* tief 136.

desche *swf.* Tasche 130.

deus sal *romanisch:* Gott grüße 77.

dikki (dicke) oft 26.

dingen, *ahd. swv.* denken, hoffen 212.

(diuniti) von dœnen *swv.* tönen 22.

douwen (touwen) *swv.* mit dem Tode ringen, sterben 24.

duoder *ahd.* (gotisch þatrô) daher 4.

durnohte *ahd. adj.* vollkommen 16.

(duzzin) von diezen *stv.* laut schallen 22.

drâte *adv.* schnell 98.

drischelstap *stf.* Dreschflegel 112.

drû (drûch, drûhe) *stm.* Fessel, Falle zum Tierfang, Truhe 96.

duz *stm.* Schall 122.

E

echterste *niederd. adj. superl.* hinterste 138.

edder *niederd.* oder 136.

efte *niederd. adv.* oder 138.

egisigelîch *ahd.* schrecklich 18.

eiris *ahd.* adverbialer Genitiv, von êr, früher, einst 4.

eiter *stn.* Gift 129.

êke *niederd. swf.* Eiche 136.

ellîch = allîch *adj.* allgemein 46.

en- oder ne- vor einem Verbum, mit diesem als ein Wort geschrieben, ist Verneinungspartikel.

enke *swm.* Knecht 30.

enlîch *adj.* ähnlich 77.

enseben (entseben) *anv.* schmecken, inne werden 50.

erarnen *swv.* erwerben, gewinnen 142.

erbeizen *swv.* absitzen 36.

(erbolgen) von erbelgen *stv.* erzürnen 46.

ergezzen *swv.* vergessen machen, entschädigen 124.

erschriuwi, von erschrien *stv. refl.* sich ausschreien 141.

(erstracte) von erstraken *swv.* erweitern 30.

erwenden *swv.* zurückwenden 124.

esche *swfm.* Asche 130.

F siehe bei **V**

G

gâch *adj.* jäh, schnell, eilend 92.
gadem *stn.* Gemach 36.
gaudîn *swf.* Freude, nach dem Lateinischen gaudium 66.
ge- vor dem Wort wird oft zusammengezogen, wie gunêret statt geunêret.
gebürekin *niederdeutsch* von gebûr Bauer 75.
gedâht *stn.* die Gedanken 66.
gedîen *stv.* gedîhen gedeihen 84.
gehiure *adj.* geheuer, lieblich 84.
geliep *stm. f.* Geliebter, Geliebte, *plur.* Liebende 76.
gemach *stm. n.* Ruhe; Ort, wo man ruht 108.
(gemerhte) von mêren *swv.* vergrößern 26.
generjan *ahd. swv.* retten, erlösen 212.
(ger) von gern *swv. mit gen.* begehren 54.
(ge) triuten *swv.* lieb haben, liebkosen 28.
(getwagen) von twahen *stv.* waschen 54.
(geurumit) von vrumen *swv.* vollbringen 22.
gevân *stv.* fangen 66.
(gewuoc) von gewahen *stv.* gedenken 46.
(gezemn) von zemn *stv.* mich geziemt eines Dinges, es gefällt mir 34.
(giht) von jehen sagen, zugestehen 104.
gimme *ahd. st. swf.* Edelstein 14.
giuucit, *vom altsächsischen* giwîtan ziehen, fahren 6.
glüejen *swv.* glühen 22.
gofenanz *swf.* Zusammenkunft, Tanz (Fremdwort) 110.
grien *stm. n.* Kies, Sand 122.
(gudêa) *ahd. gen. sing.* von gundja Kampf 8.
güefen *swv.* rufen, schreien 129.

H

habe *stf.* Halt 98.
haranskara *ahd.* Harmbescherung 18.
hiure *adv.* heuer 129.
hœvet *niederd. stn.* Haupt 136.
hregil *ahd.* Rüstung 8.
hrust *ahd. stf.* Rüstung 8.
hûbe, hoube *swf.* Kopfbedeckung, Haube, Helm 116.
huge *ahd. swm.* Sinn 16.

I J

idis, itis *ahd. stf.* Frau, göttliche Jungfrau 4.
îlen *swv.* eilen 22.
inwit *ahd. stn.* Bosheit 8.
irmindeot *ahd.* irmin groß,

außer in Götternamen nur in Zusammensetzungen und Namen, hier: Volk 6.
irri *adj.* zornig 6. Nach anderer Lesung: tirri.
(jâhen) von jehen *stv. mit gen. der Sache* sagen, bekennen 42.
joste (tjoste) *stf.* Zweikampf mit dem Speer 122.

K

kallen *swv.* schwatzen 40.
karôt *ahd. stm.* Wehklage 16.
kîl *niederd. stm.* Keil 136.
kiselinc *stm.* Kiesel 116.
kissling *stm.* Kiesel 131.
klôve *niederd. f.* Spalte 138.
knêp, *niederd.* von knîpen, *stv.* kneifen 138.
krâschen *niederd. swv.* kratzen 138.
kûme oder kûm *adj.* schwach, gebrechlich 50.
kür *stf.* Prüfung, Wahl 54.

L

lê *stm.* Hügel 96.
list *ahd. stm. f.* Klugheit, Kunst 16.
lît *ahd. stn.* Gewürzwein 10.
lit *stn.* Glied 98.
liuht *stm. n.* Volk 24.
lô (lôch) *stm. n.* Gebüsch, Wald 96.
losheit *niederd. swf.* Tücke 138.
loven *niederd. swv.* glauben 136.
lussam = lustsam *adj.* lieblich 56.
luttila, *altnordisch* die Endung unregelmäßig, elend 6.

M

mâc *stm.* mâge *swm.* Blutsverwandter 46.
mandunge *ahd. stf.* Freude 16.
mânskîm *ahd. stm.* Mondschein 14.
mar (marc) *stn.* Streitroß 22.
(mâzen) von mezzen *stv.* messen, mitteilen 116.
meine *stf.* Meinung, Bedeutung 52.
mendi *ahd. stf.* Freude 16.
michil *adj.* groß 20.
milte *ahd. stf.* Freigebigkeit 14.
mitewist *ahd.*, von wist, das Wesen 16.
munt *ahd. stm.* Hand, Schutz, Bevormundung 4.
(mûtin) von müejen *swv.* beschweren, quälen 78.

N

nintuuinnêst *ahd.* Verneinung und Verbum intwinnan, sonst intwindan, entkommen 6.
niusan *ahd.* erlangen 10.

nône *swf.* die neunte kanonische Stunde (3 Uhr nachmittags) 135.

O

ôstar *ahd. adv.* nach Osten; die Endung ar ist die Richtung nach 6.

P

pâgen wohl statt bâgen *stv.* laut schreien 36.

pell = phell *stm.* Seidenzeug 24.

pêp, *niederd.* von pîpen *stv.* pfeifen 138.

phragina *ahd.* Druck (*got.* praggan = drücken, *mhd.* phrange = Schranke, pfrengen = drücken) 18.

prîme, prîme zît die erste kanonische Stunde (6 Uhr morgens) 64.

putner *stm.* Büttner, Küfer 143.

Q

quât *adj. niederdeutsch* schlimm 136.

R

rabbîne *stf.* das Anrennen des Streitrosses 32.

râm *stm.* Ruß 134.

ram *stf.* Rahmen zum Sticken 2c. 56.

reccheo *ahd.* der Verfolgte (ursprünglich wrekkeo, *gotisch* vrikan) 8.

riutel *stf.* Stab, mit dem die Erde von der Pflugschar abgestreift wird 112.

S

sam (sâ sô) so wie 78.

samenunge *stf.* Versammlung, Konvent 68.

saro *ahd. stn.* Kriegsrüstung 6.

schapel *stn.* (chapeau) Kranz 52.

schône *adv. zum adj.* schœne, schön 100.

schrage *swm.* Untergestell eines Tisches 110.

senede oder senende = senec *adj.* sehnsüchtig 62.

sêolîdante, *ahd.* lîdan fahren, ziehen 8.

sêric *ahd. adj.* = sêr, wund, schmerzlich 18.

Sinthgunt *ahd.* (sind = Weg, gunt = Kampf), die wandernde Kämpferin 4.

skerjan, *ahd. swv.* zuteilen, bescheren 212.

slahte *stf.* Geschlecht, Art 48.

smêken, *niederd. swv.* schmeicheln 136.

(snîâ) von snîen *swv.* schneien 96. Das angehängte â ist Bekräftigung, so auch in bekêrâ 100.

spæhe *adj.* klug 56.

spanan *ahd. stv.* spannen, ziehen (daraus Spanferkel,

saugendes Ferkel), locken (daraus Gespenst, abspenstig) 8.
stehelîn *adj.* stählern 141.
stumbe *adj.* stumm 141.
stupfel *swf.* Stoppel 131.
(sturt) von stœren *swv.* stören, stochern 130.
sûberlîch *adj.* rein, schön 66.
sulve *niederd.* selbe 136.
sunufatarungo *altsächsisch stm. plur.* Sohn und Vater zusammen 6.
suone *stm. f.* Urteil, Versöhnung 142.
suontac *stm.* Tag des Urteils, des (jüngsten) Gerichts 84.
swachen *swv.* schwach sein oder dünken 118.
swære *adj.* schmerzlich 28.
sweimen *swv.* sich schwingen 58.
(swief) von sweifen *stv.* schweifen, schwingen 74.

T

tarahaftî *ahd. adj.* schädlich 18.
taren *ahd.* schaden (terjan, tern; tara *kaufmännisch* =Schaden) 16.
tinkte *swf.* Tinte 141.
tiutære *stm.* Deuter 56.
tolde *sw. st. f.* Wipfel, Baumkrone 110.
tougen *adv.* heimlich 98.
trahte *stf.* das Denken woran, trahten *swv.* woran denken 50.
tratz *interj.* Trotz, Trotz sei dir geboten 112.
trêhen (trahen, trân) *stm.* Träne, Tropfen 140.
trisehûs (trese) *ahd. swm.* Schatzhaus 18.
twerhes=tweres *adv.* in die Quere 108.
(twuog) von twahen *stv.* waschen 30.

U

ummett *alts. swf.* Maßlosigkeit, *acc.* als *adv.* unmäßig, sehr 8.
(underwar) von underwerren *stv. refl.* sich untereinander wirren 42.
ungebære *stf.* freudeloses Benehmen 102.
ungenêm (ungenæme) unannehmlich, häßlich 141.
ungêrt ungeehrt 75.
ungevüege *adj.* übermäßig 36.
unmêre *adj.* unlieb, gleichgiltig 78.
unruoch *stm.* Sorglosigkeit, Leid 60.
unti *ahd.* bis 10.
unz (unt, unc) *praep.* bis 32.
urliuge *stn.* Krieg 34.

ursuoch *ahd. stm.* Untersuchung 18.

V und F

fagar *ahd. adj.* herrlich, schön 10.

valwen *swv.* sich entfärben 118.

(farsalt) von farsellan, *ahd. swv.* übergeben 212.

ferahes *ahd. stn.* die Seele, das Leben 6.

(verbirt) von verbern *stv.* unterlassen, meiden, in Ruhe lassen 32.

vereiten *swv.* mit Brand verwüsten 106.

vernunst *ahd. stf.* Verständnis, Vernunft 16.

versinnen *stv. refl.* begreifen, überlegen, sich besinnen 94.

(verstal) von versteln *stv.* geheim halten 44.

verwâzzen *ahd. stv. tr.* verderben, verdammen 16.

verwerren *stv.* in Verwirrung bringen 50.

verwîzzen *stv.* vorwerfen, verweisen 110.

figieren *swv.* treffen (wie mit einem Geschosse) 52.

vingerlî *stn.* Verkleinerung von Finger = Fingerring 142.

fireo *ahd. gen.* von firahja die Menschen 6.

firtân *part.* von firtuon, *ahd. sv.* übelgeschaffen, verwünscht 213.

flans *stm.* Mund, Maul 36.

flühtesal oder vlühtesal *stf.* Flüchtung, Bergung 28.

fôh *ahd. adj.* wenig (*englisch* few) 6.

Volla *ahd.* die Volle, Üppige, Beiname der Frija, Wuotans Gemahlin 4.

vorgesechte, *niederd.* der vorhergenannte 136.

vormôden *niederd. swv.* vermuten 138.

forn *ahd.* einst 6.

vôt *niederd. stm.* Fuß 138.

vreissam *ahd.* vreislich *adj.* schrecklich 18.

(friesche) von vreischen *anv.* vernehmen 28.

frôno *ahd.* für frôjono, d. i. *gen. plur.* des *subst.* frô, was den Göttern heilig ist 4.

frôtôro *ahd. adj. compar.* von frôt, fruot verständig 6.

fröudebære *adj.* Freude habend 40.

fuore *stf.* Fahrt, Lebensweise 28.

fürbaz *comp. adv.* weiter, noch mehr 34.

W

(wac) von wegen *stv.* sich bewegen 112.

wac,-ges *ahd. stn.* Gewicht 18.
wæhe *adj.* schön, fein 116.
wætlich wahrscheinlich 34.
Walch Welscher (Italiener oder Franzose) 77.
wanti, wande *etc.*, *conj.* denn, weil 20.
wase *svm.* Wasen, Rasen 38.
wât *stf.* Gewand 100.
wegenne, von wegen *stv.* wägen, erachten 140.
weise *swm.* Waise; der Edelstein in der Kaiserkrone 100.
wenken *swv.* wanken 66.
wentilsêo *ahd.* Wandalensee, Mittelmeer 8.
werk *stn.* Werg 142.
widerglesten *swv.* zurückglänzen, widerscheinen 38.
widerwegen *stv.* wiederwägen, das Gegengewicht halten, ebenso schwer sein 32.
winiskaft *ahd.* Freundschaft (wini der Freund) 16.
Wint Wende 77.
wirst *adj. superl.* von wirs-übele übel 129.
(wis) von wesen *stv.* bleiben, sein 118.
wîtini *adv.* = wîte, weit, weithin 22.
wîtweide *adj.* weitschweifig 52.
witze *stf.* Klugheit 28.
(worhte) von wirken *swv. anom.* bewirken, bauen 26.
wuoft *ahd. stm.* = wuof, Geschrei 18.

Z

zagel *stm.* Schwanz 129
zehant *adv.* alsbald 48.
zellen *swv.* zählen, rechnen 80.
(zerlie) von zerlazen, zerlân *stv. refl.* auseinandergehen 44.
(zeswal) von zerswellen *stv.* schwellend sich erweitern 30.
zorftel *ahd. stn.* Glanz 14.
zwî *stn.* Zweig 50.

Inhalt.

Der Minnesang.

Volkslieder und geistliche Lieder.

Kolibri 360 GmbH
Ferdinand-Jühlke-Straße 7
99095 Erfurt, Deutschland
produktsicherheit@kolibri360.de